林业工程技术应用与生态保护

白双全　曹晓娟　高芳志　主编

中国民族文化出版社

北京

图书在版编目（CIP）数据

林业工程技术应用与生态保护 / 白双全，曹晓娟，高芳志主编 . -- 北京：中国民族文化出版社有限公司，2024.4（2025.6 重印）

ISBN 978-7-5122-1865-9

Ⅰ . ①林… Ⅱ . ①白… ②曹… ③高… Ⅲ . ①森林工程—工程技术②林业—生态环境—环境保护 Ⅳ . ① S77 ② S718.5

中国国家版本馆 CIP 数据核字 (2024) 第 083047 号

林业工程技术应用与生态保护
LINYE GONGCHENG JISHU YINGYONG YU SHENGTAI BAOHU

主　　编：白双全　曹晓娟　高芳志

责任编辑：何敬茹

责任校对：李文学

装帧设计：周书意

出 版 者：中国民族文化出版社

地　　址：北京市东城区和平里北街 14 号（100013）

发　　行：010-64211754　84250639

印　　刷：三河市同力彩印有限公司

开　　本：787mm×1092mm　1/16

印　　张：8

字　　数：140 千字

版　　次：2024 年 4 月第 1 版

印　　次：2025 年 6 月第 2 次印刷

标准书号：ISBN 978-7-5122-1865-9

定　　价：48.00 元

前言 / PREFACE

　　绿色生态发展理念成为我国经济发展的重要指引。绿色生态经济成为我国经济变革的重要方向。林业与绿色生态经济关系密切。根据联合国环境规划署的报告，林业的定位是绿色生态经济的基础和关键，森林将被作为资产进行管理和投资以实现各种效益。林业是绿色经济发展的生态资本，生态系统管理在绿色经济发展中发挥着重要作用。森林是重要而独特的战略资源和能源，具有可再生性、多样性、多功能性，是发展绿色经济十分重要的自然资产。

　　现在，社会对生态环境的关注达到前所未有的高度，改善生态环境日渐成为社会对林业的主导需求。随着国家可持续发展战略和西部陆海新通道总体规划的实施，以林业重点工程的全面启动为标志，我国林业进入一个以可持续发展理论为指导，全面推进跨越式发展的新阶段。加强生态建设成为林业工作的主要任务。因此，天然林资源受到严格保护，木材生产逐步由以采伐天然林为主转向以采伐人工林为主，大规模的退耕还林渐次展开，森林生态效益补偿制度开始实施，全社会办林业形成气候。林业正在经历着一场由木材生产为主向以生态建设为主转变的历史性变革。

　　本书写作时参考了大量的相关文献资料，借鉴、引用了诸多专家、学者和教师的研究成果，写作上得到很多专家学者的支持和帮助，在此深表谢意。由于能力有限，时间仓促，虽极力丰富本书内容，经多次修改，力求著作的完美无瑕，但仍难免有不妥与遗漏之处，恳请专家和读者指正。

前言

目录 /CONTENTS

第一章　林业与生态文明建设概述

第一节　现代林业基本理论

现代林业作为一个时代特征的概念，随着经济社会的不断发展，其内涵也在不断变化。全面理解和准确把握新时期现代林业的基本内涵，对指导现代林业建设的实践至关重要。

一、现代林业的概念

早在改革开放初期，我国就有人提出了建设现代林业。当时人们简单地将现代林业理解为林业机械化，后来又走入了只讲生态建设，不讲林业产业的朴素生态林业的误区。现代林业的一种定义是：现代林业即在现代科学认识的基础上，用现代技术装备武装和现代工艺方法生产以及用现代科学方法管理的，并可持续发展的林业。此定义强调现代林业区别于传统林业，是在现代科学的思维方式指导下，以现代科学理论、技术与管理为指导，通过新的森林经营方式与新的林业经济增长方式，达到充分发挥森林的生态、经济、社会与文明功能，担负起优化环境、促进经济发展、提高社会文明、实现可持续发展的目标和任务。现代林业的另一种定义是：现代林业是充分利用现代科学技术和手段，全社会广泛参与保护和培育森林资源，高效发挥森林的多种功能和多重价值，以满足人类日益增长的生态、经济和社会需求的林业。此定义则强调现代林业是利用现代科学技术和手段，全社会共同参与保护和培育森林资源，充分发挥森林的多种功能和多重价值，以满足不断增长的生态、经济和社会需求的林业。以上专家学者提出的现代林业的概念，都反映了当时林业发展的方向和时代的特征。今天，林业发展的经济和社会环境、公众对林业的需求等都发生了很大的变化，如何界定现代林业这一概念，仍然是建设现代林业中首先应该明确的问题。从字面上看，现代林业是一个偏正结构的词组，包括"现代"和"林业"两个部分，前者是对后者的修饰和限定。《现代汉语词典》（第7版）对"现代"一词有以下两个释义：一是指现在这个时代，在我国历史分期上多指五四运动到现在的时期；二是指合乎现代潮流的时尚。我们认为，现代林业并不是一个历史学概念，而是一个相对的和动态的概念，无须也无法界定其起点和终点。对于现代林业中的"现代"应该从两个含义进行理解，也就是说现代林业应该是能够体现当今时代特征的、先进的、发达的林业。 随着时代的发展，林业本身的范围、目标和任务也在发生着变化。从林业资源所涵盖的范围来看，我国的林业资源不仅包括林地、林木等传统的森林资源，同时还包括湿地资源、荒漠资源，以及以森林、湿地、荒漠生态系统为依托而生存的野生动植物资源。从发展目标和任务来看，我国林业已经从传统的以木材生产为核心的单目标经营，转向重视林业资源的多种功能、追求多种效益，我国林业不仅要承担木材及非木质林产品供给的任务，同时还要在维护国土生态安全、改善人居环境、发展林区经济、促进农民增收、弘扬生态文化、建设生态文明中发挥重要的作用。综合以上两个方面的分析，我们认为，衡量一个国家或地区的林业是否达到了现代林业的要求，最重要的就是考察其发展理念、生产力水平、功能和效益是否达到了所处时代的领先水平。建设现代林业就是要遵循当今时代最先进的发展理念，以先进的科学技术、精良的物质装备和高素质的务林人为支撑，运用完善的经营机制和高效的管理手段，建设完善的林业生态体系、发达的林业产业体系和繁荣的生态文化体系，充分发挥林业资源的多种功能和多重价值，最大限度地满足社会的多样化需求。按照逻辑学的理论，概念是对事物最一般、最本质属性的高度概括，是人类抽象的、普遍的思维产物。先进的发展理念、技术和装备、管理体制等都是建设现代林业过程中的必要手段，而最终体现出来的是林业发展的状态和方向。因此，现代林业就是可持续发展的林业，是指充分发挥林业资源的多种功能和多重价值，不断满足社会多样化需求的林业发展状态和方向。

二、现代林业的内涵

随着时代的变化，现代林业的内涵和含义不断丰富和发展，尽管"现代林业"这一概念的表述方式可以是相对不变的。

在不同时期，国内许多专家对于现代林业的基本内涵给予了不同的界定。一些学者认为，现代林业是一个高效益的林业持续发展系统，其目标包括发展经济、优化环境、富裕人民和贡献国家；要点包括森林和林业的新概念；产业包括林业第三产业、第二产业和第一产业，它们相互联系、综合形成现代林业系统。另一些学者认为，现代林业强调以生态环境建设为重点，以产业化发展为动力，要实现林业资源、环境和产业的协调发展，经济、环境和社会效益高度统一的林业。相比传统林业，现代林业具有综合效益高、利用范围广和发展潜力突出的优势。

现代林业在中国的进程是朝着建立一个和谐的生态文明社会而努力。这一目标依托于可持续发展的理论框架，旨在在扩大林业规模的同时，实施科学的管理策略、采用先进的技术手段并借助现代市场机制促进其发展。这一进程在中国得到了法律制度的有力支撑，而与外部的交流合作为中国的林业提供了更广泛的视角。此外，新时代的林业专家也扮演了至关重要的角色，他们带来了科学、机械和信息技术的融合，从而提高了林业的产出和效益。

所谓的发展理念，是关于事物发展方向的基础观点和思考。在现代林业中，这种理念通过科学的研究和深入的思考被明确地塑造出来，旨在明确林业的发展路径和最终的目标。在此背景下，中国的现代林业发展理念既要与全球的林业发展趋势保持一致，又要符合中国特有的国家和林业情况。在实践这一理念的过程中，关键在于遵循可持续发展的原则，强调生态建设为主的发展策略，并全面实践科学发展的观点。这将推动建立一个人类和自然和谐共生的生态文明社会。在全球面临日益严重的人口、资源和环境压力的背景下，可持续发展的理论逐渐形成并被广泛接受。这一理论的核心是为当前的需要提供，同时保证未来几代也能满足他们的需求。这意味着我们在发展的过程中必须确保资源的长期利用和维持健康的生态环境。

为了实现这一目标，在现代林业建设中，我们必须始终考虑发展的持续性。这意味着我们既要满足现代社会对林产品的需求，也要确保未来的需求得到满足。这需要我们推进循环经济、建设节约资源和生态友好的社会，并积极地恢复和保护自然生态及资源。现代林业的价值观应涵盖生态系统的完整性、生物多样性、环境健康以及持续的主要林产品生产等多个方面。

第二节　现代林业与生态文明建设

一、现代林业与生态建设

（一）森林在维护全球生态平衡方面扮演着重要角色

森林是地球上最为复杂、完整，而且活跃的生态系统，其在陆地与海洋生态系统中占据着显著的位置，具有巨大的能量转换和物质循环能力。它的生产力在众多生态系统中也最为突出。森林在维护地球生态安全机制，以及在生物圈、大气圈、水圈和土壤圈动态平衡的维护上，产生了基础性和关键性的影响。

森林是各类生物种群以及基因库的主要寓所，尤其是热带雨林拥有多达200万~400万个生物种类。尽管如此，大规模的森林损毁已加速了灭绝物种的进程。在过去的两个世纪，快速减少的物种数量接近600种鸟类、400种哺乳动物、200种两栖动物以及2万种以上的植物，其灭绝速度超过自然淘汰速度数千倍。

森林不仅是大规模的碳库，也是调控大气中二氧化碳的关键因素之一。森林中的植物通过光合作用吸收大气中的二氧化碳，反之，动植物的呼吸、微生物的活动、枯枝落叶的分解等过程会将碳以二氧化碳、一氧化碳、甲烷等形式释放出去。

此外，森林在维护水源、保持土壤稳定以及防止洪涝灾害等方面发挥了重要作用。

（二）森林在生物和非生物领域的能量和物质交换中起主导作用

作为陆地生态系统的重要组成部分，森林在生物与非生物领域的能量和物质交换中起主导作用。丰富的营养层级包括生产者（森林植物），到各种消费者（草食性动物、肉食性动物、杂食性动物以及寄生动物和腐生动物），最后到分解者，形成完整的食物链和典型的生态金字塔。得益于森林的广大面积、巨大的树冠、结构的复杂性与树叶层级的多样性，照射在森林的光能以及其转化为生物能的效率在所有自然生态系统中居于顶尖。尤其是在热带农业之外，热带森林的生产力名列前茅，甚至超越了温带农业。相比于温带地区的其他几种生态系统，森林生态系统的生产力均值是最高的。

二、现代林业与生物安全

（一）生物安全问题

生物安全是生态安全的一个重要领域。目前，国际上普遍认为，威胁国家安全的不只是外敌入侵，诸如外来物种的入侵、转基因生物的蔓延、基因食品的污染、生物多样性的锐减等生物安全问题也危及人类的未来和发展，直接影响着国家安全。维护生物安全，对保护和改善生态环境，保障人的身心健康，保障国家安全，促进经济、社会可持续发展，具有重要的意义。在生物安全问题中，与现代林业紧密相关的主要是生物多样性锐减及外来物种入侵。

1.生物多样性锐减

在当前的环境背景下，由于森林逐渐消失以及其他复合性原因，我们正在经历一场比自然进程快1000倍的大灭绝。中国，作为生物资源丰富的国家，在全球生物多样性中扮演着重要角色。得益于其特殊的地理和自然环境，中国拥有无数的特有生物种类。其中，许多都是古老的生物种群，被誉为"活化石"。例如，大家熟知的大熊猫、白鱀豚、水杉和银杉都是如此。

不幸的是，伴随着生态环境的恶化，许多野生动植物的生存环境正受到毁灭性的打击。这不仅导致了某些种群数量的急剧下降，甚至还有一些已经完全消失，而更多的生物正面临着灭绝的危机。例如，犀牛和白臀叶猴等已在中国消失。那些仍存活的珍稀动物，如麋鹿、高鼻羚羊、金丝猴、东北虎、丹顶鹤和黄腹角雉，它们的栖息地曾经不断缩小，种群数量也曾经不断下降。

在中国的高等植物中，15%～20%的种类都处于濒危或即将濒危的状态，这个比率远高于全球平均水平。某些植物，如中华古果、裸蕨、封印木，已经在我国彻底消失。当一种植物消失时，与之关联的10至30种其他生物也可能因此消亡。其对我国微生物所产生的影响尚不太明确，但我们已经注意到，因过度采收，某些野生食用菌和药用菌的资源正在迅速枯竭。

2.外来物种大肆入侵

按照世界自然保护联盟（IUCN）的标准，外来物种入侵是指外来生物在新的生态环境中建立起自己的种群，并开始对当地生态系统和生物多样性产生不良影响的过程。当然，合理地引进外来物种能够丰富生物多样性，并为人们带来实际的物质利益。但是，随意引入并没有经过科学评估的物种可能会带来灾难性的后果。没有天敌的外来生物可能会无节制地繁殖，占据原本属于其他生物的生存空间，从而打破生态平衡，威胁到本土生物的生存。

在一定程度上，外来物种的入侵具有不可预测的性质。它们可能会在新环境中展现出与原生态系统中完全不同的生态行为。因此，防止外来物种入侵的工作变得尤为重要，但也充满了挑战。

（二）现代林业对保障生物安全的作用

森林是一个广袤的生态体系，承载着数百万种生命的栖息地。除了各种乔木、灌木和草本植物，森林还是苔藓、地衣、蕨类、鸟类、兽类、昆虫以及多种微生物等各种生物的家园。据估计，地球上目前有着500万～5000万种生物，其中50%～70%生活在森林中，因此森林的生物多样性在全球生态系统中占据着重要地位。在发达的林业国家，维护生物多样性已经成为其林业发展的核心要求和主要标准。

1.森林与保护生物多样性

森林是由树木和其他木本植物组成，是陆地生态系统的核心。森林生态系统是由以乔木为主体的生物群落（包括植物、动物和微生物）以及非生物环境（光、热、水、气、土壤等）综合组成的动态系统，它促使生物与环境之间进行物质交换和能量流动。森林生态系统的分布广泛且类型众多，超过了陆地上任何其他生态系统。它的体积庞大、寿命长、层次复杂，具有广阔的地上和地下空间，以及长时间的持续周期。森林生态系统是陆地上面积最大、组成最复杂、结构最稳定的生态系统之一，并对其他陆地生态系统产生重要的影响和作用。森林与其他陆地生态系统不同，具有广阔的面积、分布广泛、树形高大、寿命长、结构复杂、物种丰富、稳定性好和生产力高等特点，是维持陆地生态平衡的重要支柱。

森林是生物多样性最丰富的地区之一。森林所处的环境通常相对宜人，拥有适合多种生物生长的水分和温度条件。森林中的林冠层和多层结构形成了不同的小环境，为需要特殊环境条件的植物提供了生存条件。丰富的植物资源为各种动物和微生物提供了食物和栖息繁衍的场所。因此，森林中拥有极其丰富的生物物种资源。森林内除了主要的乔木种类，还有大量的亚乔木、灌木、藤本植物、草本植物、菌类、苔藓和地衣等。森林中的生物也非常多样，包括兽类、鸟类、两栖类、爬行类、线虫、昆虫以及微生物等，种类繁多，个体数量庞大。全球共有500万～5000万个物种，而人类迄今从生物学角度描述或定义的物种（包括动物、植物和微生物）只有140万～170万种，其中一半以上的物种分布在仅占全球陆地面积7%的热带森林中。

森林生态系统是一个复杂的多维空间，植被按照高度和生活习性等特点分为不同的层次，从高大的乔木到地面的草本和苔藓，再到地下的根系网络。这些不同的层次结构与植物的耐阴性和水分需求相对应，并依据这些生态特性在特定的小生态环境中定位。年龄结构和季节性变化也影响这一复杂的生态网络，让森林成为一个既稳定又美观的自然景观。以乔木层为例，这一层通常被进一步划分为不同的高度区间。在东北地区的红松混交林中，乔木层可以分为高、中、低三个不同层次。最高层主要由红松构成，其次是由椴树、云杉和裂叶榆等组成的中层，而第三层主要由冷杉和青楷槭等组成。这种分层更为显著地体现在热带雨林中，其中的乔木层可以被划分为四至五个不同的高度层次，而且因为高度差异小，层次之间并没有明确的分界。再以海南岛的热带雨林为例，其乔木层可以分为三层或更多：最高层主要由蝴蝶树、青皮和坡垒、细子龙等树木构成，这些巨型乔木高度可达40米；第二层由山荔枝、厚壳桂、蒲桃、柿树和大花第伦桃等组成；而下层乔木则包括粗毛野桐、白颜和白茶等。在这些乔木下，还有灌木和草本层，以及地下的两个不同深度的根系网络。植被层次的多样性并不仅限于高度和种类，年龄结构也是其内在复杂性的一个体现。一片森林里可能包括了数代、年龄相差数百年的树木。例如，在东北的红松林里，年龄可能分布在10个不同的龄级上，年龄最大和最小的红松可能相差达200年。这种多代、多层次、多年龄的复合结构赋予了森林强大的稳定性和生态韧性。此外，森林中还存在大量的藤本植物和附生植物，它们依附在各层的树木上，进一步增加了森林生态系统的复杂性。这样的分层和多样性使得植物能更有效地适应各种微环境，从而优化了对营养和空间的利用。正是由于这些多层次和多维度的结构，森林生态系统得以在不同的环境和条件下保持其稳定性和生物多样性。这种结构允许新的生长和发育阶段的植物在下层不断涌现，以替代上层的老一代。这一过程不仅维持了森林的生长动力，还强化了其作为顶级生态系统的稳定性。

森林的分布范围广泛，树木高大、长寿并具备稳定性。森林约占据陆地面积的29.6%，由落叶和常绿树种以及适应寒冷、干旱、盐碱或湿润等不同特殊环境的树种形成各种类型的森林。它们分布在寒带、温带、亚热带和热带山区、丘陵、平原，甚至沼泽、海滩等地。森林中的树种是植物界中最高大的植物，主要是由乔木构成的林冠层，可以达到十几米、数十米乃至上百米的高度。例如，在中国西藏的波密地区，丽江云杉可以高达60～70米，在中国云南的西双版纳地区，望天树可以高达70～80米。北美的红杉和巨杉是世界上最高大的树种，可达100米以上，而澳大利亚的桉树甚至可以达到150米的高度。树木的根系发达，深根性树种的主根可以延伸到地下数米至十几米的深度。树木之所以能在光照条件方面占据优势地位，是因为光照条件往往在植物间的生存竞争中起着决定性作用。森林生态系统具有高大的林冠层和深厚的根系层，因此对林内小气候和土壤条件的影响明显大于其他生态系统，并且显著地影响着森林周围地区的小气候和水文状况。树木是多年生植物，寿命较长。

2.湿地与生物多样性保护

湿地复杂多样的植物群落为野生动物提供了良好的栖息地，尤其对一些珍稀或濒危野生动物来说尤为重要。湿地被视为鸟类和两栖类动物的繁殖、栖息、迁徙和越冬场所。例如，象征吉祥和长寿的濒危鸟类——丹顶鹤，在从俄罗斯远东迁徙至我国江苏盐城国际重要湿地的途中需要经历约2000千米的旅程，大约需要花费一个月的时间。它们需要在途中的25块湿地停歇和觅食。如果这些湿地受到破坏，将会对像丹顶鹤这样的濒危鸟类构成致命的威胁。

湿地水草丛生的特殊环境，虽不是哺乳动物种群的理想栖息地，却为各种鸟类提供了丰富的食物来源和优越的巢穴条件与避敌环境。可以说，保存完好的自然湿地能够使许多野生生物在没有干扰的情况下生存和繁衍，完成它们的生命周期，从而保护许多物种的基因特性。

3.外来物种入侵

这些外来入侵物种通过竞争或占据本地物种的生态位，排挤本地物种的生存能力，甚至分泌释放化学物质抑制其他物种的生长，导致当地物种的种类和数量减少。这不仅带来了巨大的经济损失，还对生物多样性、生态安全和林业建设构成了重大威胁。近年来，随着国际和国内贸易的频繁发展，外来入侵生物的传播速度加剧。自21世纪以来，已经发生了刺桐姬小蜂、刺槐叶瘿蚊、红火蚁、西花蓟马、枣实蝇等5种外来林业有害生物的入侵事件。这些外来林业有害生物的入侵已经在不断扩散蔓延，形势日益严峻。

三、人居森林和湿地的功能

（一）城市森林的功能

发展城市森林、推进身边增绿是建设生态文明城市的必然要求。这不仅是实现城市经济社会科学发展的基础保障，也是提升城市居民生活品质的有效途径，同时也是建设现代林业的重要内容。历史经验表明，一个城市只有具备良好的森林生态系统，使森林和城市融为一体，高大乔木林荫蔽日，各类建筑错落有致，自然美和人文美交相辉映，人与自然和谐共生，才能成为发达的、文明的现代化城市。

当前，我国许多城市，特别是工业城市和生态脆弱地区城市，生态承载力低已经成为制约经济社会科学发展的瓶颈。在城市化进程不断加快、城市生态面临巨大压力的今天，大力发展城市森林，为城市经济社会科学发展提供更广阔的空间已变得越发重要和迫切。近年来，许多国家都在致力于研究和实践"人居森林"和"城市林业"的模式。事实证明，几乎没有一座清洁优美的城市不是依靠森林起家的。

城市森林具有多方面的益处。

首先，城市森林具有净化空气、维持碳氧平衡的作用。它们可以杀灭空气中的细菌，吸附煤烟和灰尘，稀释、分解、吸收和固定大气中的有毒有害物质，并通过光合作用产生有机物质。绿色植物能够增加空气中的负氧离子含量，城市森林的空气负氧离子含量是室内空气的200～400倍。

其次，城市森林对调节和改善城市小气候起着重要作用，增加了湿度，减弱了噪声。城市近自然的森林对整个城市的降水、湿度、气温和气流产生一定影响，能够调节城市的小气候。相比农村地区，城市地区及其下风侧的年降水总量偏高5%～15%，雷暴雨的增加幅度为10%～15%；城市的年平均相对湿度比郊区低5%～10%。林草能够缓解阳光的热辐射，使酷热天气变得凉爽、湿润，给人们带来舒适的感受。夏季乔灌草结构的绿地气温比非绿地低4.8℃，空气湿度可以增加10%～20%。城市森林还具有补充近地层大气湿度的功能。与市区相比，林区的年均蒸发量低19%，其中秋季差异最大（25%），春季最小（16%）；年均降水量略高4%，特别是冬季增加最多（10%）。树木释放的水分蒸腾可以增加空气的湿度，相当于相同面积水面的10倍。此外，城市森林能够减弱噪声，绿化林带可以吸收声音的26%，绿化的街道比非绿化的街道可以降低噪声8～10分贝。

另外，城市森林的建设还可以维护生物物种的多样性。它们可以提高初级生产者（树木）的产量，保持食物链的平衡，并为兽类、昆虫和鸟类提供栖息场所，从而增加城市中的生物种类和数量，维持生态系统的平衡，同时保护和增加生物物种的多样性。此外，城市森林在社会层面也带来了许多效益。作为一种社会效益，城市森林为人类社会除了提供经济效益和生态效益，还提供了其他效益。这包括促进人类身心健康、改善人类社会结构以及提升人类社会精神文明状态等。城市森林的社会效益体现在美化城市风貌，为居民提供休闲娱乐场所，如以高大乔木为主的绿道系统，为人们提供了遮阴和适宜湿度的小环境，减轻了夏季炎热中行人的不适。城市森林有助于培养市民的绿色意识，并具有一定的医疗保健作用。此外，城市森林的建设还能创造大量的绿化施工岗位，带动苗木培育、绿化养护等相关产业的发展，为社会提供大量的新就业岗位。

（二）湿地在改善人居方面的功能

湿地是与人类的生存、繁衍和发展息息相关的重要生态系统。它被认为是自然界最富生物多样性的生态系统之一，也是人类最主要的生存环境之一。湿地不仅为人类的生产和生活提供多种资源，还具有巨大的环境功能和效益。

1.湿地在抵御洪水、调节径流、蓄洪防旱等方面具有重要作用。湿地的植被和土壤可以吸收和储存大量的水分，当发生洪水时可以起到缓冲和储蓄的作用，减少洪水的冲击和危害。湿地还能调节水的流动速度和分布，有助于维持水循环的平衡，提供稳定的水资源。

2.湿地在降解污染和净化水质方面发挥着重要作用。湿地的植被和沉积物能够吸收和储存水中的有害物质，如氮、磷、重金属等，通过生物化学反应将其转化为无害或低毒的物质，从而起到净化水质的作用。湿地植被的根系和微生物群落也能有效过滤和降解污染物质，提高水体的质量。

3.湿地还对气候调节和控制土壤侵蚀起着重要作用。湿地内丰富的植被可以吸收大量的二氧化碳（CO_2）并释放氧气（O_2），有助于调节大气中的气候成分。湿地植物还具有吸附空气中有害气体和粉尘的能力，净化和改善空气质量。此外，湿地的植被和沉积物对土壤的保持和固结起着重要作用，可以防止土壤侵蚀和保护土壤质量。

4.湿地还为众多动植物提供了栖息地和食物来源。湿地内复杂多样的植被群落为野生动物提供了良好的栖息和繁殖环境。许多鸟类、两栖动物等野生动物依赖湿地进行迁徙、繁殖和越冬。湿地内的湖泊、河流和湿地植物也为水生生物提供了丰富的食物来源，维持了生物多样性的平衡。

5.湿地对城市小气候的调节可以通过蒸发和降水过程实现。湿地水分蒸发成为水蒸气，并在空气中升华，随后以降水的形式降落到周围地区。这个过程可以保持当地的湿度和降雨量，对城市气候起到调节作用。湿地的存在可以增加城市的绿地覆盖和水体蒸发，降低城市的气温并改善空气湿度，减缓城市的热岛效应。

6.湿地对能源和航运也具有重要意义。湿地作为能源资源提供多种能源，例如，水能和潮汐能。在中国，水电是重要的电力供应来源，湿地蕴藏了巨大的水能资源。沿海河口湿地蕴藏着可开发的潮汐能，这些能源对于能源行业和经济发展有着重要影响。此外，湿地中的生物质资源，如泥炭和湿地植物，可以被利用作为可再生能源，如燃烧和发电。湿地还扮演着重要的水上运输通道的角色，沿海和内陆水运的发展为地方经济提供了重要的支持。

7.湿地还具有旅游休闲和美学价值。作为自然景观的一部分，湿地吸引了大量的游客，成为重要的旅游风景区。沿海湿地、湖泊和河流等多样的湿地景观吸引着人们的兴趣，提供了观赏自然风光和休闲娱乐的场所。湿地的美学价值也在于保护独特的文化遗产。例如，西湖、洱海等湿地成为具有重要文化价值的地方，吸引了大量游客和文化爱好者。

8.湿地还具有教育和科研的重要价值。湿地的复杂生态系统、丰富的动植物群落以及濒危物种等为自然科学教育和研究提供了重要的资源。研究湿地生态系统可以帮助人们了解环境演化和生物多样性保护等领域的知识。湿地还提供了教育和科研的试验基地，为进行实地观察和研究提供了便利。

（三）城乡人居森林促进居民健康

城乡人居森林对身心健康和生命安全的多种作用是被科学研究和实践所证明的。以下是对每个方面的进一步解释。

1.清洁空气

城乡人居森林可以吸收大量的二氧化碳（CO_2）并释放氧气（O_2），有助于减少空气中的温室气体含量。此外，树木还可以吸收大气中的颗粒物和其他污染物质，净化空气质量。

2.饮食安全

利用树木和森林对受污染的土壤和水体进行修复，可以有效地清除土壤中的污染物，恢复土壤的生产力和生态功能。这有助于提高农作物的质量和食品的安全性。

3.绿色环境

绿色植被对人们的视觉和心理健康具有积极影响。繁茂的枝叶和树冠可以减弱强光的刺激，创造出更舒适的视觉环境，使人们感到满足、安逸、活力和舒适。

4.肌肤健康

森林中的树荫可以降低光照强度，具有镇静作用，有利于放松身心并改善情绪。此外，树木还可以减少直接阳光照射引起的皮肤问题，如色素沉着和过敏等反应。

5.维持宁静

森林可以吸收和散射声波，减少噪声的传播。在城市环境中建立绿地和缓冲绿带可以减少噪声的影响，创造出更安静的居住环境。

6.自然疗法

森林中的空气富含氧气、负离子和芬多精等有益物质。通过沐浴在充满植被的环境中，如进行森林浴，可以帮助人们放松身心、减轻压力。科学研究表明，在自然保护区生活一段时间后，人们的神经系统、呼吸系统和心血管系统功能有所改善，抵抗力增强。

7.安全绿洲

城乡人居森林和其他绿地在重大灾害时可以起到保障居民生命安全的重要作用，它们可以作为安全绿洲和临时避难场所。此外，家庭中养护一些绿色植物也有助于净化室内空气，保护家庭成员的健康。

因此，城乡人居森林和各种绿色植物的建设和保护对改善人居环境、促进身心健康以及增强社区的抵御力和适应能力具有重要意义。

第二章　林业苗木产业建设与苗木培育

第一节　林业苗木产业发展模式与生产基地建设

一、林业苗木产业的发展模式

林业苗木产业的发展模式对于该产业的前途至关重要。实现苗木经营管理的现代化需要优化布局、标准化生产、推进良种的选择与培育、扩大生产规模，实现技术专业化以及信息化管理。每个苗圃都追求在有效利用资源的基础上生产高质量的园林苗木。

（一）经营管理的科学化

经营管理的科学化对于企业的生产管理至关重要。企业的战略目标的实现以及营销策略的落实都依赖于生产管理。在苗圃业的发展中，管理能力起着决定性的作用。科学的计划、组织、指挥、协调、监控和考核，可以大大提高企业的经济效益。一些问题可以通过政府行为解决。例如，国家在园林植物种质资源和新品种上提供保护措施或资金支持，政府和行业可以在苗圃发展方向上进行指导。然而，在苗圃自身的发展方面，苗圃管理者需要解决诸如苗圃类型选择、规模、生产经营计划、管理和技术人员配备以及园林植物选择等问题。这些直接影响着苗圃的发展。

（二）规划的合理化

规划的合理化对苗圃的发展至关重要。制订合理的苗圃发展计划可以决定苗圃的发展方向和成功。发展计划应包括经费预算计划、企业管理计划、生产计划、市场营销计划等。其中，生产计划尤为重要，直接影响着苗圃的发展。生产计划包括短期发展计划和长期发展计划：短期发展计划是特定时间内完成的目标，长期发展计划是苗圃的长远规划和奋斗目标。具体来说，生产计划包括苗圃的规模、类型、苗木种类选择、繁殖计划、用工计划等。苗圃的发展计划应该尽量详尽，并且在执行过程中不断修正和完善，根据市场的变化进行适当调整。

（三）生产标准化

生产标准化对苗圃的发展非常重要。生产成本标准是其中的一项关键因素。苗圃的生产成本和销售价格密切相关，必须保持在可接受水平以确保苗圃的效益。优秀的苗圃管理者，必须同时关注生产高质量的苗木和以合理的价格销售苗木。要控制成本影响因素，并调整销售价格以确保稳定的利润。苗圃的利润应该在15%～20%，并通过销售量获取更多利润。苗木的销售价格是可以变化的，零售价相对较高，而批量销售则以销售量获利。苗圃的信誉程度、苗木质量、批量销售数量以及市场需求都会影响苗木的销售价格。

（四）品种良种化

品种良种化是指通过选择和培育优良的林木种子或品种，以获得具有高产量、适应性、抗逆性等优良性状的繁殖材料和种植材料。良种包括经过区域试验验证，在一定区域内生产上具有使用价值、性状优良的品种，优良种源区内的优良林分或种子生产基地生产的种子，具有特殊使用价值的种源、家系或无性系，以及引种驯化成功的树种及其优良种源、家系或无性系。

使用良种可以充分发挥自然生产潜力，提高林产品的质量和产量。选择具有优良遗传品质的林木进行绿化和造林，可以增强林木的抗逆性和适应性，同时发挥林木的多种功能和效益。林木良种是国土绿化和生态建设的物质基础，也是确保造林绿化质量的关键。

此外，加强自有知识产权新品种的培育也是苗圃发展的重要途径之一。选择育种或有性杂交培育具有自主知识产权的新品种，可以推出更多具有市场竞争力的产品，提升苗圃的知名度，并促进苗圃的发展。

（五）生产规模化

随着苗圃业的发展和竞争的加剧，苗圃的生产方式必然向专业化和规模化方向发展。一些地区已经实现了地区性的专业化生产，如采叶苗木在开原、平榛在铁岭等地。苗圃的专业化生产对苗圃的定位至关重要，合理的定位决定了苗圃的发展。在投资建设苗圃时，应明确苗圃的发展方向，向专业化发展，集中资源发展少数几种主导苗木，避免过分追求"小而全"，这样才能形成规模，并能快速进入市场。

（六）技术专业化

苗圃的经营管理过程中，高素质的技术和管理人员至关重要。随着人们生活水平的提高，对绿化苗木的种类和质量要求越来越高。在现代知识经济的时代背景下，科学技术和高水平的管理成为现代经济发展的关键。建立一个优质的苗圃并非易事，苗圃的规模和苗木的种类数量并不是衡量一个苗圃好坏的唯一标准，关键在于苗圃的管理水平和苗木的质量。因此，建议苗圃建立适应自身发展的质量管理体系，在苗木生产过程中进行质量管理，提高苗木的整齐一致性和竞争力。对于我国新兴的苗圃产业而言，良好的管理和高素质的技术管理人员是必不可少的。

（七）信息现代化

要使现代苗木繁育基地获得持续发展，必须充分了解全国乃至本地区对苗木的需求，掌握世界造林绿化市场对苗木的需求，同时了解苗木销售情况。还需了解各地的苗木生产量以及其他苗木经营者的生产能力，掌握国内外林木新品种的信息。只有通过信息的收集和分析，苗木繁育基地才能准确把握市场需求，作出科学合理的生产决策，以保持竞争优势。因此，实现信息的现代化对苗木繁育基地的发展至关重要。

二、林业苗木生产基地的建设

（一）苗圃地的选择

1.苗圃的位置

选择苗圃的位置时，需要考虑以下三个方面。

交通便利：苗圃应位于交通便利的地方，以便于运输苗木、生活用品和生产资料，同时方便吸引临时劳动力。

靠近市区：最好选择在城镇附近或城市中心地区，这样可以减少苗木在运输过程中失水的问题，提高苗木质量。同时，与栽植地区环境条件一致，有利于苗木成活率的提高。此外，靠近科研单位、大专院校和农机站等地方也有利于接受先进技术指导和实现机械化生产。

远离污染源：苗圃应远离污染源，避免污染对苗木的损害。

2.苗圃的自然条件

（1）地形、地势及坡向

苗圃应选择水土流通良好、高处地势和平坦的地带。坡度一般以1°～3°为宜，过大的坡度会导致水土流失和不利于机械操作和灌溉。根据当地具体条件和育苗需求来决定最合适的坡度。在地形起伏较大的地区，不同坡向对光照、温度、水分和土壤厚度等因素的影响较大，需因地制宜选择最适合的坡向。

（2）水源

水是培育优良苗木的重要条件，因此苗圃地应选择靠近江、河、湖、水库等天然水源的地方，以便于引水灌溉。需要注意的是，苗圃灌溉所需的水应为淡水，并且水中盐含量比例不超过1.5∶1000。地下水位应根据土壤类型和苗木的需水量来确定合适的深度。

（3）土壤

苗圃地的土壤应具有一定的肥力、良好的结构、透水透气性好的特点。最好选择沙壤地，土层要深厚，一般为40～50厘米。土壤的酸碱性宜保持中性、微酸性或微碱性，过高的酸碱性都会对土壤中的有益微生物活动和营养元素转化供应产生不利影响。土壤质地结构不理想时，可以通过农业技术措施改良土壤条件。

（4）有害生物

在选择苗圃时，要进行有害生物的调查。不宜选择病虫害严重的土地，避免有大量病虫害感染的大树附近地区，以及长期种植烟草、玉米、蔬菜等退耕地。这些地方病虫害较为严重，会给苗木生长带来很大影响。

（二）生产地的计划与设计

1.播种育苗区

因为播种阶段的幼苗对恶劣环境条件的抵抗力较低，所以需要特别精细的管理。在选择播种区时，必须优先考虑自然条件和经营条件的最佳性和有利性。这包括：地势要相对较高且平坦，坡度小于2°；紧临水源以便于灌溉和排水；土壤必须是最佳的，深厚而富饶；此外，区域最好背风向阳，以助于抵御霜冻，并且要靠近管理区。为了确保全年都有播种育苗的能力，应在这个区域设置遮阳棚，并采用容器育苗技术。

2.营养繁殖区

营养繁殖区域专门用于培育无性繁殖的苗木。其要求与播种区类似，但需要选择土壤深厚、地下水位相对较高且具备便捷灌排条件的地点。特别对于珍贵树种的扦插，应选择最为理想的地段。在扦插繁殖区域，应设置遮阳棚和小型拱棚，并在可能的情况下安装喷灌和滴灌设备。

3.移植区

从播种区和营养繁殖中心培育出的苗木，如果需要继续培育成较大的苗木，就需要将它们移植到专门的移植区域。根据规格和生长速度的不同，通常每2～3年需要移植一次，逐渐扩大株行距，增加营养面积。因此，移植区域需要占用相当大的土地面积。一般来说，这个区域可以设置在土壤条件较为中等，地块较大且整齐的地方。同时，必须根据不同苗木的生长特点进行合理的安排，确保水源充足，排水设施完备。

4.大苗区

大苗区培育的苗木通常具有更大的体积和更长的培育期，因此不需要再进行移植。这些苗木对水分和养分的需求更高，因此通常选择土层深厚、地下水位较低，且地块整齐的地区进行培育。为了方便出售和运输，最好将大苗区设置在苗圃的主干道和外围。

5.温室和大棚区

现代苗木生产需要温室和大棚来提供受控的环境条件，以满足不同树种在不同季节的需求。选择这个区域需要考虑离管理区较近、土壤条件良好、较干燥的地点。对于大型苗圃，还应设置实验区和展示区，以用于测试和展示引入的新品种和自行培育的优质苗木。

（三）辅助用地的规划与设计

1.道路系统的设置

苗圃中的道路是连接各个耕作区和与育苗工作相关的设施之间的动脉。合理设置道路可以同时兼顾土地利用和功能需求，因此道路的宽度和数量应根据苗圃规模来确定。道路系统通常包括主要道路、次要道路、步行道路和环道。

主要道路是苗圃内部和对外运输的主要道路，通常以办公室或管理处为中心。可以设置一条主要道路或两条相互垂直的主要道路，宽度通常为6～8米，标高应高于耕作区20厘米。

次要道路通常与主要道路相垂直，并连接各个耕作区。其宽度为2～4米，标高应高于耕地10厘米。对于小型苗圃，如果没有主要道路，次要道路可以充当主要道路的角色。

步行道路便于人员通行和作业，设置在各个区之间。宽度为0.4～0.7米，某些步行道路可以与排灌系统或田埂结合使用。

环道是围绕苗圃周围的道路，供作业机具和车辆转弯和通行。通常中小型苗圃不设置环道。

2.灌溉系统的设置

苗圃中的健康和繁茂的植物需要恒定和合适的水分。为了确保植物获得足够的水分，一个精心设计的灌溉系统至关重要。一个完整的灌溉系统由三个基本部分组成：水源、水提取设备和输水机制。

渠道灌溉系统依赖于经过精确建设的水泥渠道，旨在节省水资源并确保长久使用。渠道的设计和布局遵循两个基本原则：与道路网络相协调并与耕作方向保持一致。为了确保流畅的水流，渠道必须有恰当的坡度，通常在1/1000到4/1000。此外，为了稳固渠道的结构和安全，渠道的边坡建议为45°。

管道灌溉的主要特点是将输水管线深埋地下，确保不会妨碍机械化作业。水可以通过高压泵直接送入管道，或首先储存于储水池或水塔，然后再输送。灌溉方式有多种，可以直接从管道中放水，也可以通过喷头喷洒，或者采用滴水管进行灌溉。这种方法的明显优势在于其操作简易，但缺点是不够灵活，尤其不适合规模较小或形状不规则的苗圃区域。此外，长时间使用后，管道可能会出现老化或损坏，这可能导致维护和维修变得困难。

与前两种方法不同，移动喷灌系统的水管放置在地表，具有高度的可移动性和灵活性。它的设计原则是确保喷水范围有所重叠，以确保均匀的水分分布。这种方法的一大优势是可以为植物节省20%～40%的水分，同时还能够有效避免土壤过度浸泡或浪费。移动喷灌系统不仅是一个灌溉工具，还可以与施肥、喷洒农药或病虫害防治等活动结合起来，实现多种功能。此外，这种系统还有助于调节微气候，增加空气湿度，从而为植物创造更为理想的生长环境。移动喷灌可以通过移动管线或专用的喷灌车进行，其设计旨在简化操作和维护工作。

3.排水系统的设置

当我们在考虑苗圃土地的配置和管理时，水是一个不可或缺的因素。但是，除了关注如何有效地为植物提供足够的水分，还必须思考如何在雨季或过度灌溉时有效地处理多余的水分。这就涉及排水系统的建设与维护。在选择和规划苗圃地区时，灌溉和排水都应是主要的考虑因素。特别是在一些特定的地理和气候条件下，排水成为优先事项。例如，在地形较为低洼，地下水位相对较高或在雨季雨量较大的区域，若无合理的排水设施，很容易导致水浸，影响植物的生长，甚至可能造成植物死亡。对于这些地区，合理地配置排水沟显得尤为重要。为了实现最佳的排水效果，排水沟应被巧妙地布置在地势较低的位置。在这种地方，水可以自然地流入沟渠，从而实现快速且高效的排水。此外，一个明智的方法是充分利用现有资源。例如，很多道路两旁都有天然或人造的排水沟。我们可以考虑将这些排水沟与苗圃的排水系统连接，从而形成一个完整、连贯的排水网络。这不仅可以提高排水效率，还可以节省建设成本。但是，仅仅建立一个排水系统并不足够。对于任何排水设施，都需要定期的维护和检查。特别是在持续的雨季或连续的灌溉后，排水沟可能会被杂物、泥沙等堵塞，从而影响其正常的工作功能。因此，定期清理和维护是确保排水系统持续有效运行的关键。除了基础的排水沟，我们还可以考虑使用一些先进的排水技术或工具，如雨水收集系统、透水铺装或其他水资源管理技术。这些技术不仅能够帮助我们更有效地处理多余的雨水，还可以充分利用雨水，减少对淡水资源的依赖。

（四）苗圃的建设与施工

苗圃的建设主要包括基础设施（如房屋、温室、大棚、道路和沟渠）、水电通信设施引入、土地平整、防护林带和防护设置。在进行其他项目建设之前，应优先进行房屋建设和水电通信引入。

1.房屋建设和水电、通信的引入

办公场所、仓储空间、机械存放区域和种子储藏室等，应当位于相对集中的地方。为了实现高效管理，这些设施的具体面积和布局应当根据苗圃的规模和地形特点制定。无论何时，确保水、电和通信资源的畅通都是建设的首要任务，因为它们为其他设施的运行提供了基本保障。

2.圃路的施工

在确定圃路施工前，设计图上需要明确地标出已知的参照点。利用主道路的中线作为标准，进行圃路的放线工作。多数苗圃倾向于使用土质道路，其设计应确保道路中央略高，两侧微低，形成一种独特的抛物线状。此外，需要在道路两侧建造合适的排水渠道，确保雨水顺利排放。

3.灌水系统和排水沟的修建

首先要安装水泵，或者泵引河水。在修建引水渠道时，最重要的是确保渠道的落差符合设计要求，为此需要使用水准仪精确测定并进行桩号标注。为节约用水，现多采用水泥渠道作为灌水渠。对于移动喷灌，只需考虑几个出水口来实现对整个区域的控制。排水沟与路边沟相结合，在修路时已经挖掘并修整。在设计排水沟时，要注意坡降和边坡，确保符合设计要求。

4.土壤改良

为了确保植物的健康生长，初步的土壤调整与改良是不可或缺的。对于那些具有盐碱性的土壤，我们可以采取淡水冲刷和开设专门的排水渠道。而对于黏重的土壤，可以逐步加入沙土进行调整。需要特别注意的是，建筑废料和垃圾需要彻底清除后，再考虑添加耕作层土壤。

（五）防护林及土地平整

整体的土地规划意味着将高低不平的地势进行削减和填充，以创建具有适当坡度的种植区。对于防护林的种植，大树苗的交错植入是一个有效的策略。在选择树种时，我们不仅要考虑其对生态的保护作用，还需要考虑其他的潜在价值，如作为种子来源或为采摘提供便利。每一棵树的位置和间隔，都应依据预定的计划进行精心设计。

第二节　苗木培育

苗木作为植树造林的物质基础，优质健壮的苗木是保证造林成功的关键条件。因此，育苗工作者的重要任务之一是以最低的成本在短期内培育出大量优质健壮的苗木，以供应造林需求。

一、苗圃的建立

（一）苗圃的类型和特点

苗圃是培养各类植物苗木的绿色工厂。根据多种不同的标准，如培育的目标、苗圃的使用时长以及其占地面积，我们可以细分苗圃的种类。

1.按育苗目的或任务划分

森林苗圃：旨在培育主要用于建设木材林的苗木。这类苗木的生长期通常为1～3年。无疑，森林苗圃在整体林业生产中占据了核心地位。

园林苗圃：专门为城市、公园、社区和道路等的绿化项目提供苗木。其培育的苗木种类多样，年龄相对较长，并且需要具有特定的外形。

果树苗圃：它的核心是生产果树苗木，多数为接枝树苗。

特殊经济林苗圃：专为某些特定用途的经济树种所设，如桑树、油茶树、油橄榄树和橡胶树。

防护林苗圃：它的主要目的是培育各种用于生态防护的树苗。

实验苗圃：主要供学术和研究单位用于教学和科学研究。

2.按使用年限划分

固定苗圃：这类苗圃的生命周期相当长，可能会达到数十年。随着技术进步和对效率的追求，现代的固定苗圃往往规模较大，并向机械化发展。

临时苗圃：它们为满足某个特定区域的造林需求而设立，位置通常在造林区或其附近。这类苗圃的存在期限较短，任务完成或土壤营养耗尽后即可能废弃。

3.按育苗面积大小划分

大型苗圃：占地超过$20hm^2$。

中型苗圃：面积介于$7hm^2$至$20hm^2$之间。

小型苗圃：规模小于或等于$7hm^2$。

（二）苗圃地的选择

1.地理位置

选择苗圃地点时，其位置的便利性是一个关键因素。理想地点应位于造林区域的近旁，这样可以大大减少苗木在运输过程中受到的损害，并增加植树的生存概率。再者，苗圃的位置最好靠近居住区域，方便聘用劳动力和确保必要的公共设施供应，如电力。高山之巅、风口地带、深谷或容易水淤的低地都不适合作为苗圃。

2.水资源配置

水是植物生长不可或缺的资源。因此，苗圃应设立在接近水源的地方，无论是天然的河流、湖泊还是人工的水库、池塘。在某些地区，如果自然水源不足，那么必须采用打井或其他方法来保障持续的水供应。

3.地貌选择

平坦且排水良好的地方最适合作为苗圃。如果考虑的是斜坡，那么其坡度应保持在5°以下。过于陡峭的斜坡可能需要建设梯田以改善其使用。在各种坡向中，东南坡和南坡更为理想，因为它们可以接收到充足的阳光。

4.土壤特性

土壤的性质对苗木的生长有着至关重要的作用。沙质壤土或纯壤土由于其良好的团粒结构、透水性和通风性是首选。这类土壤在雨季不易产生地表径流，而且在灌溉时水分能够均匀渗透。它们还利于树苗根系的健康成长，使得后续的移植和培育工作更为便捷。理想的土层深度应大于40～50厘米。

盐碱土对植物的生长不利。因此，若土壤的盐分含量在0.1%～0.15%，这样的土壤应该被避免使用。如果所在地是重度盐碱土区，那么在种植前必须对土壤进行改良，以降低其盐分浓度，确保植物能够吸收必要的营养。

5.生态健康性

一个健康的生态环境是苗圃成功的关键。应该避免选择害虫活跃或已被病菌感染的地方。在确定苗圃的位置之前，一项必要的工作是对病虫害的感染程度进行评估。特别是对像金龟子幼虫、蝼蛄、地老虎这样的主要害虫，以及某些植物疾病如立枯病，都应该进行详细的调查和评估。

（三）苗圃地的区划

为了充分利用苗圃地的土地资源，便于生产管理，应根据当地自然条件、排水灌溉状况、育苗树种特性、育苗方法和年度生产任务等因素，对苗圃地进行区划和设计。一般将苗圃地划分为生产用地和辅助用地两个区域。

在进行区划前，首先要对苗圃地进行测量，并绘制比例尺为1/500～1/2000的平面图，标注地势、水文、土壤和病虫害等情况。

1.生产用地的区划

生产用地是指直接用于苗木生产的区域。根据不同苗木的育苗特点，将生产用地分为以下几个区域。

（1）播种区

作为苗圃的核心，播种区专用于播种苗的培育。选择此区的位置时要考虑其平坦、肥沃并易于管理。尤其对于坡地，播种区应放在最理想的坡度上。

（2）移植区（大苗区）

这里培育的苗木通常根系更为发达。由于其强大的适应性，它们可以在土壤条件不太理想的地方种植。

（3）营养繁殖区

这是为扦插苗和嫁接苗准备的地方。像杨、柳这样易于生根的植物可选择湿润、低洼且排水好的地方。

（4）温室或大棚区

位于苗圃的中心位置，供应容器苗和组培苗。应确保其靠近水电资源，并便于日常管理。

（5）采穗圃

选择在苗圃的边缘，并基于所需树种来决定土壤条件。

（6）试验区

这个区域最好设在靠近主建筑的地方，便于获取水资源和进行管理。

2.辅助用地的区划

（1）道路网络设置

主道路：贯穿整个苗圃，连接外部交通，宽度为4～6米。

次道路：连接各个培育区，与主道路垂直，其宽度为1～3米。

步行道：为方便工作人员在苗圃内行走，小型苗圃可以考虑将其与灌溉渠道合并。

环道：环绕苗圃，方便机器和车辆通行，主要适用于大型苗圃。

（2）排水灌溉系统的设置

构建这一系统的主要目的是确保苗木既不受到干旱也不受到涝害的影响。它由水源、提水和引水三个关键部分组成，是整个苗圃的基础设施。

（3）防风林带的设置

设置防风林带可以有效地减少风速，从而减少水分蒸发，为苗木生长创造一个湿润的环境。防风带的宽度建议为4～8米，应选用当地的原生植物，并避免使用可能成为病虫中间宿主的植物。

（4）场院设置

包括办公空间、住宿、存储设施等，一般选择在土壤不太肥沃的地区进行建设。

二、土壤耕作、施肥和轮作

（一）土壤耕作

土壤扮演着苗木生存的重要基础环境角色。为了提高苗木的质量和产量，必须采取一系列措施，提高土壤肥力，改善土壤环境条件，以满足苗木的生长和发育需求。土壤耕作是其中至关重要的一项措施。

1.土壤耕作的作用

通过土壤耕作，可以实现以下效果。

（1）消除土壤的紧实度，促进根系的伸展和有机质的分解。

（2）改善种子的发芽和幼苗的生根以及出苗时的生长发育条件，提高出苗率。

（3）控制杂草生长，减少竞争对苗木的影响。

（4）提高土壤的保水能力，增强苗木的抗旱能力。

（5）通过耕翻和施肥，增加土壤肥力，改善土壤结构，预防病虫害的发生。

（6）便于育苗施工，保证施工质量。

2.土壤耕作的技术

土壤耕作包括浅耕灭草、耕地、耙地、镇压和中耕等环节。总体要求是适当深耕，精耕细作，去除石块和杂草。

（1）浅耕灭草

在开始主要的耕作活动之前，浅耕处理作为一个关键的预备步骤，特别是在土壤质量欠佳或存在多量杂草的场地上。这一步目的在于减缓水分的蒸发，消除杂草和有害生物，并减少土壤的机械阻力。具体到时间和深度，当作物被收割并使土地暴露后，应立即进行浅耕以阻止下层水分的流失，一般深度建议在4~7厘米。对于刚开垦的土地，可适当增加深度至10~15厘米。

（2）耕地

耕地是将苗木主要根系分布层的土壤翻耕的措施，关键在于耕地的深度和季节选择。

①耕地的深度

播种苗：这些通常有较短的培育周期，其主要根系在5~25厘米的土层中。因此，25厘米是一个理想的耕地深度。

移栽和扦插苗：这些苗木的根系一般更深，所以30~35厘米会是更适当的耕地深度。

②耕地时间

秋季耕作：适用于北方的干燥和盐碱地区以及南方地区，有助于保持土壤湿度和改良土质。

春季耕作：在容易风蚀的沙质土地上，春耕是更好的选择。

夏季耕作：在雨量充沛的地区，夏季耕作可以增加土壤的水分含量。

冬季耕作：主要适用于南方地区。

③耙地

耙地是在耕地后平整土壤表面的操作环节。主要目的是整平苗圃地，粉碎土屑，清除杂草，混拌施肥，并达到土壤的保墒效果。耙地时，要耙实、耙透，达到平整、疏松、均匀、碎末的要求。

④镇压

镇压是将疏松的表层土壤紧实压实的耕作环节。其目的是恢复土壤毛细作用，提高表层土壤的湿润程度，促进种子的发芽。在春季大旱且风力较大的地区，对疏松土壤进行镇压可以减少气态水分的损失，起到蓄水保墒的作用。在作床和作垄后进行镇压，以防止床和垄的变形。但需要注意，镇压也可能增加毛细管水分的损失，此时应将镇压与轻耙相结合。可以使用各种机械压实设备进行镇压。

⑤中耕

这是苗木成长期间进行的一项操作，主要在不同苗木行间进行。中耕的目的是去除杂草，提供一个更疏松的土壤环境，并减少水分的蒸发。这通常使用各种手动或机械的工具进行，如手推式锄头或机械中耕机。

（二）大田育苗

大田育苗便于进行机械化操作，可分为高垄和平作两种方式。高垄除了具有高床育苗的优点，还能够增加苗木行距，提供更好的通风透光条件，使苗木的根系发达，质量更好，适用于与高床育苗相同的树种。高垄的底宽为60～80厘米，垄高为16～18厘米。平作是指在育苗前将苗圃地整平后直接进行播种和移植育苗，适用于与低床育苗相同的树种。

（三）施肥

苗木在生长过程中需要吸收大量的营养元素，包括碳、氢、氧、氮、磷、钾、硫、钙、镁、铁、硼、铜、锌等。其中，碳、氢、氧可以从大气中获取，相对容易，而其他元素通常由土壤提供。尤其是氮、磷、钾这三种元素需要量较大，但土壤中的含量往往较低。此外，当苗木从苗圃移植到其他地方时，它所归还给土壤的养分非常有限，根系还会带走一部分养分。此外，连续多年的灌溉和降雨可能会冲刷走一些可溶性营养元素。因此，在苗圃培育过程中，为了满足苗木生长所需的各种营养元素，每年都需要进行施肥。

1.施肥的意义

施肥是将有机质或肥料输送到土壤中、土壤表面或直接供给植物的过程。它的意义在于为植物提供必要的养分，促进植物的生长发育，增加产量或改善植物的质量。

2.肥料的种类

肥料是直接或间接供给植物的物质，旨在促进植物生长、提高产量或改善植物质量。根据性质和效果的不同，肥料可分为有机肥料、无机肥料和生物肥料三类。

3.施肥方法

（1）基肥

基肥是在播种或栽植前施用的肥料，旨在长期提供养分，改善土壤等。常用的基肥是具有长期肥效的有机肥料。对于不容易通过淋溶施的肥料，如硫酸铵、碳酸氢铵、过磷酸钙等，也可用作基肥。基肥的施用方式是将完全腐熟的有机肥料均匀撒在地面上，并通过耕作将其混入耕作层（15~20厘米）。对于床作饼肥、颗粒肥和草木灰等基肥，可在作床前均匀撒在地面上，并通过浅耕施入上层土壤中。

（2）种肥

种肥是在播种时施用的肥料，主要目的是集中提供苗木所需的营养物质。

（3）追肥

追肥是在苗木生长期中施用的肥料，用于补充基肥和种肥不足。追肥通常使用无机肥料和人工肥料。通常将追肥分为土壤追肥和外根追肥两种形式。

4.施肥原则

施肥在苗圃中扮演着至关重要的角色，然而，不正确的施肥可能会带来不良后果。施肥过少将无法达到预期的施肥效果，而过量施肥则可能导致苗木烧伤，并可能对环境和人体健康造成污染及危害。因此，只有合理施肥才能达到最佳效果。合理施肥包括处理好土壤、肥料、水和苗木之间的关系，以及正确选择施肥的种类、数量和方法。在施肥过程中，应遵循以下原则。

（1）合理搭配有机肥和化肥，施足基肥，适当追肥

合理施肥应结合有机肥和化肥的使用。基肥应施足，为苗木提供充足的养

分。适当追肥可以弥补基肥的不足。

（2）根据不同树种和苗木生长规律，合理施用基肥和追肥

不同的树种和苗木具有各自的生长规律和养分需求。因此，根据其特征合理选择基肥和追肥的施用方式，以满足其生长发育所需的养分。

（3）根据气候和土壤养分情况施肥

根据气候条件和土壤中的养分情况来设计合适的施肥方案。例如，在黄土高原地区应注重补充氮肥和磷肥，以满足苗木在该地区特定土壤环境下的养分需求。

（4）施肥前进行经济效益分析，确保收入大于支出

在进行施肥之前，进行经济效益的分析非常重要。确保施肥投入与收益相匹配，以保证经济上的可持续性和盈利性。

（四）连作与轮作

1.连作

连作是指在同一块圃地上连续多年种植同一树种苗木的方法。这种做法可能会导致两大问题。首先，每种树都有其独特的营养需求。在不断重复种植同一种树木时，土壤中的特定营养可能会逐渐耗尽，从而妨碍了树苗的健康成长。其次，连续种植相同的树木可能会为某些病原菌和虫害提供一个理想的生存环境。例如，长时间种植同一树种可能会增加病害如猝倒病的风险。

2.轮作

轮作是在同一块圃地上轮换种植不同树种的苗木或其他作物（如农作物或绿肥作物）的方法，也被称为换茬。轮作在我国有悠久的历史，并且被证明对提高苗木质量和产量非常重要。正如古人所云："换茬如上粪。"

（1）轮作的意义

①轮作可以充分利用土壤中各种养分；②苗木与农作物或牧草轮作可以增加土壤的有机质含量，促进土壤形成团粒结构，提高土壤肥力；③轮作可以改变原有苗木病菌和杂草的生存环境，削弱它们的生存条件并逐渐减少其数量；④通过轮作可以收获一部分农产品和饲料，对苗木园多种经营和综合利用有着重要意义。

（2）轮作的方法

①苗木与牧草轮作

将苗木与紫云英、苕子、草木樨、苜蓿等牧草轮作，可以增加土壤中的有机质含量，改善土壤水、肥、气、热状况，进而改善土壤肥力。这种方法在生产中比较常用。

②苗木与农作物轮作

适当种植农作物于苗圃地，可以增加土壤的有机质含量，提高土壤肥力。比较常用的是将苗木与豆类或小麦、高粱、玉米、水稻等农作物轮作。例如，落叶松与水稻轮作效果良好。需要注意的是，苗木不能与蔬菜、土豆等农作物轮作。

③苗木与苗木轮作

在苗木品种比较多的情况下，为了充分利用土地资源，可以根据不同苗木对土壤肥力的不同需求，进行乔灌木树种的轮作。比较常见的方式是将针叶树与阔叶树、豆科树种与非豆科树种、深根树种与浅根树种等进行轮作，如油松与板栗、杨树、刺槐、紫穗槐轮作。

三、播种苗培育

（一）一年生播种苗的年生长规律

播种苗的成长之路始于种子，其成功与否取决于整个生长周期的维护。特别是在播种苗的初始阶段，它的成长和健康是决定因素。因为随着时间的推移，苗木的耐受力会逐渐增强，相对的培育难度也逐渐降低。

1.出苗期

从播种开始到幼苗地上部分出现真叶，地下部分出现侧根为止。

（1）生长特点

种子进入成长状态并发育为幼苗时，尽管子叶可能已经露出土壤表面，真正的叶子还未完全展开。地下，主根开始延伸，但分枝根尚未显现。在这个时期，地下部分的生长速度通常优于地上部分。此时的幼苗主要依赖种子中存储的营养。由于其新生和脆弱的特点，它对各种外界因素的抵抗力相对较弱。

（2）育苗技术要点

这个阶段的关键在于保证幼苗的及时出土。因此，我们需要挑选优质的种子，进行适当的预处理以加速种子的发芽，再在合适的时间进行播种。同时，为了确保幼苗的健康生长，需要为其提供适宜的土壤水分、温度和空气环境。其他如提供合适的遮阴、及时预防病虫害等也是非常必要的。

2.幼苗期

从幼苗地上部分出现真叶，地下部分长出侧根开始，到幼苗的高生长量大幅度上升时为止。

（1）生长特点

在此阶段，幼苗已经开始独立制造营养，但仍然很嫩弱，对外部环境如高温、干旱、病虫害等的抵抗能力相对较低。其根部开始快速发展，分枝根越发丰富。尽管如此，其上部的生长速度仍然是较慢的，这个阶段通常持续约一个月。

（2）育苗技术要点

主要目标是保护幼苗并促进根系的生长，为后续的快速生长期打下基础。在这个阶段，外界环境因素对幼苗的影响很大。如果缺水，幼苗的生长会停滞；缺乏光照，幼苗的生长会变得脆弱；高温会使幼苗易受日灼影响；低温不仅会影响幼苗的生长，有时还会导致冻害。在技术上，应加强松土和除草工作，适时进行灌溉，合理稀苗，适量施肥，并加强病虫害的防治。

3.速生期

从苗木高生长量大幅度上升时开始，到高生长量大幅度下降时为止。

（1）生长特点

这是苗木生长最快的阶段，表现为高速生长，叶量增多，叶面积增大，直径迅速增加。地上部分和根系的生长量占全年的一半或更多。此阶段苗木的根系主要分布在数厘米至20厘米的范围内。在这个阶段，影响苗木生长的因素主要是养分、水分和气温。

（2）育苗技术要点

快速生长期是决定苗木质量的关键时期。由于苗木的生长速度最快，需要营养和水分的供应量也最大，因此在这个阶段需要适时适量地施肥和灌溉，并提供适当的光照条件。在后期，为了促进苗木的木质化和提高其抵抗力，应适时停止灌溉和减少氮肥的施用。

4.苗木硬化期

从苗木高生长量大幅度下降时开始，到苗木的根系生长结束为止。

（1）生长特点

在苗木进入硬化期时，生长速度急剧下降，并出现冬芽。落叶阔叶树苗的叶柄会脱离并掉落，苗木体内的水分逐渐减少，营养物质转化为贮藏状态，苗木的木质化逐渐发生。

（2）育苗技术要点

在这个阶段，主要目标是防止苗木长势过长，促进苗木的木质化，提高苗木对低温和干旱的抵抗力，并采取防寒措施。

（二）播种前的准备工作

1.土壤处理

在播种前，应对土壤进行处理，以消灭土壤中残存的病原菌（如猝倒病）和害虫（如蝼蛄）。常用的方法有高温处理和药剂处理。高温处理可以通过在苗圃上燃烧柴草来达到灭菌的目的。

2.种子处理

在播种前，为了预防苗木发生病虫害、促进种子的快速出芽和整齐出苗，保证出苗率，一般需要对种子进行精选、消毒和催芽等处理工作。

（三）苗木密度与播种量

苗木密度是指单位面积或长度上的苗木数量，而播种量则是指单位面积或长度上所播种子的重量。播种量是确定合理苗木密度的基础，直接影响单位面积上的苗木产量和质量。播种量过多不仅浪费种子，增加间苗工作量，而且导致苗木养分面积较小，光照不足，通风不良，造成苗木生长细弱，主根生长过长，侧根不发达，降低苗木的质量。播种量过少则无法达到合理的苗木密度，苗间空隙大，土壤水分大量蒸发，杂草容易侵入，增加抚育管理的工作量，提高苗木的成本。特别是对于针叶树幼苗而言，苗木密度过低会导致阳光照射过强，易造成苗木的烧伤问题。

（四）播种

1.播种季节

（1）春播

随着春季气温回升和土壤解冻，各类林木种子都适宜在春季进行播种。在中国北方，适宜的春季播种时间是3月到5月上半月，而在南方则是3月。春季播种的优势在于适宜的温度和土壤条件，同时病虫害也相对较少。由于种子在土壤中的时间较短，春季播种有助于减少鸟兽和病虫害的危害，且管理相对便利，省去了许多工作。因此，应抓住时机适时进行早播。播种的顺序是先播针叶树，后播阔叶树，但不能太晚。如果播种太晚，导致苗木出土晚，生长时间短，苗木的抗性会减弱，容易受到病虫害的侵害。

（2）夏播

夏季成熟的种子，如杨树、柳树、榆树、桑树、桉树等，适合进行夏季播种。夏季播种要尽早进行，采摘种子后立即播种，这样能够确保苗木有较长的生长期，提高苗木的质量。夏季播种的关键是保持土壤湿润，防止高温的影响。

（3）秋播

秋季播种一般在秋末冬初，即土壤未冻结之前进行。秋季播种的优点是种子在土壤中完成催芽阶段，使得幼苗在次年春季早期整齐地出土，扎根深入，具有较强的抗逆性，且苗木有较长的生长季节，可以提高苗木的产量。然而，由于种子在土壤中越冬，易受到鸟兽等因素的危害。适合秋季播种的树种包括山桃、山杏、核桃、栎类等。

2.播种方法

播种方法包括条播、撒播和点播三种。

（1）条播

条播是一种将种子均匀地撒播在开有一定行距的沟内的播种方法。条播适用于中小粒的种子，具有以下特点：管理方便；由于行间有通风和透光，苗木生长迅速、健壮，质量较好；成苗率较高；相比撒播，条播用种量较少，是目前应用最广泛的播种方式。一般的播幅为5～10厘米，行距为20～70厘米，行的方向为南北方向。

（2）撒播

撒播是将种子均匀地撒在苗床上而不开沟的播种方法。撒播适用于极小粒的种子，如杨树、柳树、泡桐等树种。撒播适合于低床，先灌水，待水完全下渗后再撒种。通常为了使种子分布均匀，会将种子与河沙混合后撒播，撒播后立即覆盖。

（3）点播

点播是在苗床上按一定的行距开沟，然后将种子按一定的株距放在沟内，或按一定的株行距挖穴进行播种。点播适用于大粒的种子，如核桃、栎类等树种。在点播时，需要将种子横放在沟内，使种子的尖端朝向一侧，以方便幼芽的出土。

（五）育苗地管理

1.播种地的管理

播种地的管理工作从播种时开始，到幼苗出土后结束。其目的是为种子发芽和幼苗出土提供适宜的条件。具体的管理工作包括覆盖、增温、灌溉、松土除草、病虫害防治等。

2.苗期管理

当大部分幼苗出土后，应及时撤除覆盖物。最好选择在阴天或傍晚进行撤除。对于一些嫩弱的树种，如杨树、柳树、泡桐等，撤除覆盖物后需要采取适当的遮阴措施，可以使用遮阴棚等方式。此外，还需要根据苗木的生长规律进行松土除草、间苗、灌溉、排水、追肥、切根和苗木保护等管理工作。

（1）松土除草

松土除草是育苗过程中常见的工作，应根据气候、土壤状况、杂草情况以及苗木的生长发育期进行调整。在苗木生长初期，通常每隔2~3周进行一次，松土的深度为2~4厘米；到了苗木快速生长期，每隔3~4周进行一次，松土深度为6~12厘米。一般来说，针叶树的松土深度稍浅，而阔叶树可以更深。除草应遵循"越早除、越小除、除根除尽"的原则。

（2）间苗

为了确保苗木的分布均匀、养分面积适当并促进生长健壮，需要进行间苗。间苗的原则是"早间苗、晚定苗"。间苗的次数应根据苗木的生长速度和抵抗力的强弱来确定。第一次间苗应在苗木出苗后开始进行。例如，阔叶树一般在长出2～4片真叶时进行间苗。一般来说，间苗可以分为2～3次进行，最后一次是定苗，定苗的密度应大于设计密度的3%～5%。在定苗时，苗床上苗木稀疏的地方需要移动苗木或进行补栽。在间苗后需要进行灌溉。

（3）灌溉

水是苗木生长过程中必不可少的要素。苗木的生长速度、质量和产量都取决于土壤中的含水量是否适宜。在育苗过程中，土壤水分主要通过灌溉来维持，因此灌溉必须适量且适时。在苗木生长初期，需求的水量不大，只需保持苗床湿润即可。当苗木进入快速生长期时，需要较多的水量，必须及时进行灌溉。当苗木生长到后期时，应停止灌溉。灌溉最好选择在早晨或傍晚进行。

（4）排水

排水是育苗过程中的重要工作之一。在干旱地区，降雨通常较少，但可能会出现暴雨情况，因此需要做好排水工作。特别是对于松类树种、花椒等易受涝的树木，必须保证排水良好。

（5）追肥

在苗木生长初期，应追加氮、磷肥以促进苗根的生长和发育；在苗木快速生长期，适量增加氮、磷、钾肥以促进苗木茎叶的生长；在苗木生长后期，应多施用钾肥以促进苗木木质化。追肥的原则是"先稀后浓，少量多次，各种肥料交替施用"。具体的追肥方法可以参考苗圃施肥的相关指南。

（6）切根

切根是为了促进苗木侧根和须根的生长。播种一年后即可出圃的针叶树幼苗和两年生不移栽的苗木通常需要进行切根。在北方干旱地区，两年生不移栽的苗木通常在初秋进行切根，但对于主根发达的树种如核桃等，应在幼苗期进行切根。针叶树幼苗一般在幼苗期后期进行切根。切根时不需要将幼苗挖出，而是用铲子从幼苗两侧以45°的角度切下，将较长的侧根和主根切断。切根的深度为10～15厘米。切根后应立即进行灌溉。

（7）防止日灼危害

一些树种，如落叶松、云杉、杨树等，在幼苗出土后容易受到太阳直射导致地表温度升高，使幼嫩的苗木根茎部位发生环状灼伤，甚至会朝向阳光方向倒伏死亡。为了防止这种日灼危害，常常采用遮阴和喷灌的方法进行防护。

（8）病虫害的防治

在育苗过程中，常常会发生病虫害，导致苗木减少甚至死亡，因此需要进行防治工作。在防治病虫害时，应遵循"预防重于治疗"的原则。通过采用科学的育苗方法，培育出具有抗逆性的壮苗。一旦发现病虫害的存在，应立即采取药剂进行治疗。

（9）苗木防寒

我国北方冬季气候寒冷，春季风大干旱，气候变化剧烈，对于一些针叶树种和抗寒能力较弱的阔叶树种的幼苗来说，会造成较大的危害。因此，在育苗过程中需要采取防寒措施。可以使用覆土、盖草、设置防风障、搭建塑料拱棚、假植、熏烟和灌溉等方法进行苗木防寒。

四、营养繁殖苗培育

营养繁殖，也称为无性繁殖，是一种利用植物的营养器官（如根、茎、叶等）作为繁殖材料，通过人工培育在一定条件下形成完整新植株的方法。通过营养繁殖获得的新个体，是从母体上分离出来的一部分，因此其遗传性与母体相同，能够保持母体的优良性状，并且后代的性状也会保持一致。此外，新个体的发育阶段与母体相同，并在此基础上继续生长发育，因此能够提前开花结果。

（一）扦插

扦插是将来自母树的枝条制成插穗，插入特定基质中，在一定条件下培育成为完整的新植株。扦插繁殖具有操作简单、苗木成活快的优点，并且能够保持母体的优良性状。因此，扦插适用于各种树种，而且成本较低，被广泛应用于苗木培育中。

1.扦插育苗的成活原理

大量研究表明，不定根发源于插穗内一些细胞群，这些细胞群会转变为分生组织，即根原始体，然后根原始体会进一步分化为根原基，形成不定根。某些树种的不定根的根原始体在发育早期就已经形成，而另一些树种（如某些针叶树）在扦插后才开始分化出不定根的根原始体。在插穗下端的0.1～0.3毫米范围内常可发现根原始体的产生，也有些树种的根原始体可能在愈伤组织中形成。

不定根在插穗上发生的位置因树种而异。大多数树种的不定根正好在节部发生。易生根树种的插穗不定根不仅在节部发生，还可能分布在节间，甚至可以出现在芽或叶痕附近，如柳树等；而难生根树种的插穗不定根常常在插穗基部切口或者靠近切口的下部位置发生，并且有些还会在愈伤组织中产生。

根据插穗上不定根的发生位置，可以将生根类型分为四种：潜伏不定根原基生根型、侧芽或潜伏芽基部分生组织生根型、皮部生根型和愈伤组织生根型。其中，潜伏不定根原基生根型是插穗再生能力最强的类型，属于易生根类型，而愈伤组织生根型则是较难生根的类型。有时，同一树种可能同时具有两种或更多种生根类型，这些树种的插穗容易生根。

2.影响扦插成活的因素

扦插育苗的成功与否关键在于插穗是否能够生根。插穗的生根受到多种因素的影响，其中包括树种的遗传特性、母树的年龄、采取插穗的时期、插穗着生的位置、插穗的规格、插穗叶片的面积，以及外部环境因素，如扦插基质、温度、湿度、光照及促根措施等。

3.扦插育苗的种类和技术

根据取材的部位不同，扦插可以分为枝插、根插、叶插等。其中，最常用的是枝插。根据插穗的木质化程度的不同，枝插可以分为硬枝扦插和嫩枝扦插。

（二）嫁接

嫁接技术是园艺中的一种独特手段，将两个不同的植物部分结合成一个整体，使它们的生命力紧密相连。这种技术涉及将一个植物的特定部位（如枝条或芽，我们称为"接穗"）与另一个植物的茎部或根部（我们称为"砧木"）结合。一个常见的例子是将毛白杨作为接穗，嫁接到加杨砧木上，形成一个全新的生命体。这种结合的实体显示出两个不同植物的优点和特性。

砧木，作为嫁接苗的根系来源，对整体植株的健康和生长起到至关重要的作用。当我们选择砧木时，通常会倾向于选择具有强大生命力和环境适应性的树种。这样的选择是为了确保植株能够在各种环境条件下都展现出良好的成长表现。砧木的选择还有一个独特的功能：可以通过选择不同种类的砧木来控制植株的生长模式。例如，如果选择乔木型的砧木，植株可能会长得更高；而选择矮化型的砧木，则可以使植株保持较低矮的生长状态。

接穗，作为嫁接苗的上部来源，直接决定了植株的外观、开花和结果的特性。接穗来源于母植株的特定营养器官，因此可以看作母植株的一个续写。这一特性使得嫁接植株能够在相对较短的时间内开花并结出果实。正因为接穗和砧木的独特组合，嫁接在许多园艺领域中都得到了广泛的应用。无论是建立种子园、果树的种植还是观赏植物的繁殖，嫁接技术都为我们提供了一种高效且可靠的繁殖手段。

在园艺的广阔天地中，嫁接技术犹如一个魔术师，巧妙地将两个不同的植物融合在一起，创造出具有双重优势的全新植株。这既是一种科学，也是一种艺术。

（三）组织培养

组织培养是指在无菌条件下，将与母株分离的植物器官（如根、茎、叶等）、组织、细胞或原生质体放置在人工配制的培养基中，在人工控制的环境条件下培养成大量完整的新植株。取自母体并用于培养的材料被称为外植体。

五、移植苗培育

（一）移植育苗的目的

播种育苗时，由于种子密度较大，随着时间的推移，原始育苗地的空间将变得不足，造成诸多问题。这些问题包括：受限的营养供应、光线照射不均匀、空气流通受阻、植苗的叶片稀疏、脆弱的枝干，以及根系发育受限。这些问题在实际的造林中可能会降低植苗的成活机会。为了克服这些挑战并培养出更加强壮的苗木，移植成了必要手段。移植不仅仅是将植苗从原地移到新地，更关键的是它能刺激植苗的主根重新发育，促进侧根和须根的生长。这一过程扩大了植苗的营养获取面积，从而促进其更健康的生长。

（二）移植育苗技术

1.移植时间

移植的最佳时机很大程度上受当地气候和树种的影响。为了确保最佳成果，大多数植苗在休眠期被移植。寒冷干旱地区的植苗最好在春天土壤解冻后尽快移植。针叶树种由于较早发芽，应比阔叶树种更早移植。常绿阔叶树种则应在最后进行。

2.移植密度

移植密度的选择应充分考虑到树种的特性、生长速率、预计育苗年数和目标产量等因子。例如，针叶树种的小苗与阔叶树种的小苗在床式作业中的株距和行距都存在明显差异。

3.移植前的准备工作

在实际移植前，务必确保植苗所在土壤充分湿润。为确保苗木的均衡性，按照大小和健康状况进行分级是必要的。过长或受损的根系也需要适当修剪。

4.栽植技术

在移植苗木时，应注意以下事项：扶正苗木，使根系舒展，避免窝根或露根。移植的深度一般比原土应略深1～2厘米。移植后应及时进行1～2次浇水。

5.注意事项

移植过程中要确保整个流程的连续性，防止植苗受到伤害。对于那些不能立即种植的植苗，应该用湿土暂时覆盖其根系。尤其是针叶树种的顶芽，更应该受到额外的保护。

第三章　造林技术

第一节　造林密度与造林整地

一、造林密度与配置

（一）确定造林密度的原则和方法

1.造林密度对林木生长的影响

造林密度对于林木的成长具有重要意义。理解其影响的程度和机制是确定最佳的树木经营策略的关键。密度对林木的生长影响可追溯到小树苗时期，并持续到它们的成熟时期，其中干材林和中龄林阶段的影响尤为突出。

（1）密度对树高生长的影响

对于树高与密度的关系，研究者们在多种情境下有不同的发现。但整合全球各地的实验数据后，我们可以发现一些普遍的趋势：密度对树高的影响相对较弱。在一个相对广泛的中等密度区间里，树高基本不受密度的影响。这也意味着树高更受到其遗传特性和生长环境的约束。这种现象也解释了为何树高被视为衡量生长环境的标志性指标。不同树种的反应差异显著。由于树种本身的生物学特性，如光照需求、分枝习性以及顶端生长的优势度，它们对密度的反应存在差异。例如，某些耐阴的树种或是那些侧枝较为粗壮、顶端生长不太活跃的树种在特定的密度范围内，可能会表现出增加密度对其高度生长有利的情况。土地条件，特别是土壤的湿润程度，会调节树高对密度的反应。在湿润的林地中，密度对树高生长的影响不那么显著。相反，在干燥的地方，树木对密度的敏感度增强。极低的密度可能使得其他植物与树木产生竞争，影响其生长；而过高的密度则可能引发树木间的水分争夺，从而抑制其生长。所以，在这种情况下，适当的密度是关键。

（2）密度对直径生长的影响

树木间的竞争开始显现时，增大的密度通常会导致直径生长的减缓。这种趋势与树木的营养面积有直接联系。事实上，树冠的发育情况，包括冠幅、冠长以及整体冠层面积或体积，会受到密度的强烈影响。众多研究已经揭示了树冠大小与树木直径生长之间的密切关联。造林密度不仅影响单棵树的直径生长，还在直径分布方面产生影响。直径分布为我们提供了林木结构和树种结构的基础信息，它在测量整体林区的生长量和产量时占有举足轻重的地位。描述同龄林的直径分布常用的概率密度函数有众多种类，如正态分布、韦伯分布等，其中前两者被应用得最为广泛。总体上看，密度的增加会导致小径级别树木的数量增多，而中大径级别的数量则有所下降。密度对直径生长的影响与林区的干材产量关系密切。首先，直径生长是密度影响产量效果的基础。其次，树木的直径也被视为衡量树木成材标准的关键指标。因此，深入探讨密度如何影响直径的生长和分布，可以为我们提供如何调整造林密度以控制树木直径的有价值的见解。这也意味着我们可以根据特定的需求，通过适当调整密度，来生产符合特定规格的林业产品。值得注意的是，这种关系已经被林业研究者和行业工作者广泛应用于人工林的密度管理，为人工林的科学和有效管理作出了重要贡献。

（3）密度对单株材积生长的影响

立木的单株材积取决于树高、胸高断面积和树干形数这三个因素，而密度对这些因素都有一定的影响。密度对树高的影响如前所述较弱。密度对树干形数的影响是形数随密度增大而增大（刚到达胸高的几年除外），但影响程度不大。

（4）密度对林分干材产量的影响

理解林分干材产量首先需要区分两个核心概念：当前存量（或称蓄积量）和总产量（包括蓄积量、间伐量，有时甚至要考虑因干旱、病虫害等原因导致的损失量）。林分的蓄积量实际上是平均单株材积和密度的乘积。在一个未充分利用的立地，即在较低的密度条件下，密度对蓄积量的影响起到了关键作用。也就是说，蓄积量会随着密度的增加而显著增长。但当密度达到一个临界点，树木间的竞争加剧，两个关键因素（单株材积和密度）之间的相互作用达到了一种平衡状态。此时，蓄积量将稳定在一个特定的水平，并不会因密度的进一步增加而有所改变。这一稳定的水平由许多非密度因素决定，如树种的特性、土壤和气候条件以及具体的栽培方法等。研究已经证实，不同的植物种群有其合适的密度范围，也就是说，在特定的发育阶段，某一特定的密度可以使其实现最大的单位面积生产力。

重要的是，这种所谓的"合理密度"不是一个静态的数字，而是一个动态的范围，包括最大和最小的合理密度。这意味着，在树木的不同发育阶段，为了达到最佳的生产力，都需要调整并控制植被的密度。

（5）密度对森林生物量的作用

林木密度与森林生物量之间的联系是颇为复杂且多维的。首先，当面临明确的生产目标时，如作为燃料来源或是为快速生长的纸浆林服务，生物量的增长与林木密度的提升成正比关系。其次，在生态学的视域中，生物量被视为森林生产力的直接体现，它展现了森林如何有效地吸收阳光能量并通过光合作用将其转化为生物能量。林木密度的增加伴随着相应生物量的提升。然而，随着树木的生长，开始于高密度区的树木间的竞争逐渐波及低密度区。这种竞争环境影响了每棵树的生长速度，导致低密度区域的树木因竞争较少而平均大小超越高密度区域。最终，低密度和高密度区的生物量趋于接近。随着时间的推移，在不同密度间形成了一种动态平衡，从而诞生了"合理密度"这一概念。在经济产值的考量中，密度与最佳生产量间的关系显得尤为重要。因此，在追求最大经济产值的过程中，选择和调整合适的密度成为必要的任务。

（6）密度对干材质量的作用

林木密度与木材的外形和质量呈现出密切的联系。增加树木密度可使树干更为饱满，形态更为规整，这在阔叶树中表现尤为明显。然而，过高的密度会导致树干纤细，冠层受限，这样的情境既不利于工业应用，也不利于树木的健康成长。密度对木材的内部结构和物性产生影响。例如，低密度的树木往往使得年轮变宽，过宽的年轮会使得初生木材比例增加，进而影响木材质量。在某些树种中，年轮的宽度对木质质量的影响并不显著。但在其他树种中，如云杉，为了乐器制作，需要细密且均匀的年轮。不同的应用领域对木材质量有着不同的要求。例如，高密度的云杉林更适合制作乐器；而对于制纸的杨树，提高密度可增长纤维，从而提升纸浆质量。因此，根据不同的应用目的，合理调整森林密度是获取期望木材质量的重要手段。

（7）密度对根系生长及林分稳定性的作用

有关密度对林木根系生长的影响的研究资料相对较少，但有限的研究结果表明一个较为普遍的规律，即过密会损害林木根系的发育。在密集林分中，不仅林木根系的水平分布范围较小，垂直分布也较浅。苏联对欧洲松、中国湖南对杉木和中国河南对毛白杨的密度试验都得出了类似的结论。一些研究甚至进一步指出，过密的林分不仅个体根系较小，总根量也较少。此外，同种林木的根系容易相互连生，增强了个体间的竞争和差异化。在密集林分中，生长物质的分配似乎更倾向于供应地上部分的生长。

2.确定造林密度的原则

确定合理的造林密度是为了找出最适宜的密度，但最适宜的造林密度并不是一个固定的常数，它会随着树种、立地条件、经营目的和经营条件等因素的变化而发生变动。因此，在确定造林密度时需要考虑以下五个方面的因素。

（1）经营目的

不同的林种和材种应有不同的造林密度。一般来说，用于木材的林木应采用较小的造林密度，而防护林、薪炭林则需要较大的密度。某些防护林还对造林密度有特殊要求。例如，农田防护林需要具备一定的结构和透风系数，因此，造林密度需要与树种组成相结合以满足要求。即使是用于木材的林木，由于所培育的树种不同，造林密度也会有所差异。培育大直径木材时，应适当稀植，并在培育过程中适时进行间伐；而培育中小径木材时，密度要稍高一些。经济林需要充足的光照和营养条件才能实现高产和优质，所以其造林密度通常比用于木材的林木要小，一般要求相邻植株的树冠既不重叠，又能充分利用光能。

（2）树种特性

不同树种具有不同的生长特性，如生长速度、光照要求、树冠大小、树干形状和根系分布等都不同。在确定造林密度时，考虑树种的生物学特性非常重要。一般来说，生长缓慢、耐阴、树冠或根系较小的树种，应采用比生长快、喜光、树冠或根系较大的树种更密集的种植。但对于一些喜光树种（如马尾松、油松等），如果过于稀植可能会影响它们的干形生长，因此造林密度需要稍高，并且应注意适时进行间伐，以促进良好的干形发育。

（3）立地条件

适宜林木生长的气候条件、土壤肥沃度和湿润程度较好的造林地，其造林密度应比气候恶劣、高山、陡坡和土质贫瘠的地方略小。在水土流失严重的地区，应增加造林密度，以提高林木的郁闭度，增强抗逆性，使林分生长更加稳定。在土壤肥沃、杂草丛生的地区，为了抑制杂草生长，可以适当密植。

（4）造林技术

采用不同的造林技术措施会对造林密度产生影响。总的原则是，采用更精细的造林技术，林木生长速度就会更快，因此造林密度应该更小。以不同的造林技术来看，播种造林一般成活率较低，幼林达到郁闭的时间较长，因此其造林密度应比移植苗木造林更大。例如，在进行林分改造时，局部造林的密度应该比全面造林的密度小。

（5）经济条件

确定造林密度时需要考虑经济原则，即既要考虑造林成本，又要考虑交通运输和间伐材销路的问题。如果交通不便、劳力匮乏或小直径木材销路不畅，应采用稀植的方式。一般来说，初植株密度即为主伐密度。相反，如果交通便利、需要大量小径木材且价值较高，初植密度可以适当增大，通过几次抚育间伐调节密度，促进林木快速生长，同时增加小径木材的收入，提高总产量和经济效益。

3.确定林分密度的方法

为了确定合适的林分密度，根据密度效应规律和确定密度的原则，可以采用以下几种方法。

（1）经验的方法

根据过去不同密度下的林分经营成果，分析评估其合理性以及需要调整的方向和范围，从而确定新的条件下适用的初植密度和经营密度。采用这种方法时，决策者需要具备充足的理论知识和生产经验，否则可能产生主观随意性的弊端。

（2）试验的方法

通过对不同密度的造林试验结果进行分析，确定适宜的造林密度和经营密度是最可靠的方法。然而，目前由于选择的密度间隔不合理，导致了一些矛盾的结论。

（3）调查的方法

如果在现有的森林中存在大量采用不同造林密度或因某种原因处于不同密度状态的林分，可以通过广泛的调查研究不同密度下林分的生长发育状况，并通过统计分析方法得出类似于密度试验林所提供的密度效应规律和相关参数。这种方法的应用较为广泛，并已取得一些有益的成果。调查的重点项目包括树冠扩展速度与郁闭期限的关系，初植密度与第一次疏伐开始期及当时的林木生长大小的关系，密度与树冠大小、直径生长和个体体积生长的关系，以及密度与现存蓄积量、材积生长量和总产量（生物量）的相关关系等。掌握了这些规律后，一般就能够较容易地确定造林密度。

（4）编制密度管理图（表），查阅图表的方法

对于一些主要的造林树种（如落叶松、杉木、油松等），已经进行了大量的密度规律研究，并编制了各地区适用的密度管理图（表），可以通过查阅相应的图表来确定造林密度。然而，目前大多数密度管理图（表），无论在理论基础上还是在实际应用上，都还存在不完善的地方，需要进一步深入研究。

（二）种植点的配置

种植点的配置是指在人工林中，种植点之间的间距和排列方式。种植点的配置与造林密度密切相关。同样的造林密度可以通过不同的配置方式来实现，因此具有不同的生物学和经济意义。一般将种植点的配置方式分为行状和群状（簇式）两大类。在天然林中，树木的分布也具有一定的规律，根据树种和起源的不同，可以采取干预措施来达到培育的目的。

1.行状配置

（1）正方形配置

种植点之间的距离相等，树木在行内和行间直线排列，行间的两棵树相对，树冠生长均匀。这种配置方式在经济林中经常使用。

（2）长方形配置

通常株距小于行距，树木在行内和行间都排列成直线，行间的树木也是两两相对。在种植后，株间会比行间先形成郁闭，行间的郁闭会较晚形成，树冠在行间的宽度较大，株间的宽度较小，便于机械化操作。这种配置方式在生产中被广泛应用。

（3）等腰三角形配置

等腰三角形配置也被称为品字形排列，株距可以相等也可以不等，树木在行内成直线排列，行间树木交错排列，使树冠能够充分利用空间。这种配置方式在生产中被广泛使用。

（4）正三角形配置

正三角形配置是三角形配置的一种特殊形式，树木之间的距离、行内和行间的距离都是相等的，株距大于行距，单位面积上可以增加15%的树木数量，比较适合经济林。

以上四种配置方式都属于均匀式的配置方式。

2.群状配置

群状配置也被称为簇式配置或植生组配置。在这种配置方式下，植物在造林地上形成不均匀的群落分布，群内植物密度较高，而群与群之间的间距较大。群状配置的特点是群内植物能够早期达到郁闭，有利于抵御外界不良环境因素的影响，比如极端温度、日照、干旱、风害和杂草竞争等。随着群落的年龄增长，群内植物会显著分化，可以进行间伐利用，一直维持到整个群落形成森林。

群状配置在利用林地空间方面不如行状配置，所以产量也相对较低，但在适应恶劣环境方面具有显著优点，因此适用于土壤条件较差和幼年阶段较耐阴、生长较慢的树种。在杂灌木竞争激烈的地方，可以采用群状配置方式引入针叶树，每公顷可以种植200～400个群，同时在块间还可以保留天然更新的珍贵阔叶树种。这是一种有效的方法来建立针阔混交林。在华北石质山地建立防护林时，使用群状配置方式可以形成较好的乔木—灌木—草本层次结构，在次生林改造中也可以采用这种方法。在天然林中，有些种子较大且幼年阶段较耐阴的树种（如红松）以及一些通过萌蘖更新的树种也常呈现群落性的分布趋势，这种趋势有利于种群的发展，可以充分利用并进行适当引导。

群状配置既有利也有弊。在幼年阶段，有利因素占主导地位，但到一定年龄阶段后，群内的过密会导致光线、水分和养分供应紧张，不利因素可能变得更重要，因此需要及时进行定株和间伐的操作。

二、造林整地

造林地的整地，也被称为造林前的地面准备工作，包括清除植被、采伐剩余物或残留物以及进行土壤翻耕等重要生产技术步骤。一般而言，造林整地对人工林的生长和发育具有重要作用，是人工林栽培过程中的主要技术之一。然而，我们需要高度重视造林整地对水土流失的影响，并加强环境保护措施。

（一）林地的清理

林地的清理是指在翻耕土壤之前，清除造林地上的灌木、杂草等植被，或采伐迹地上的枝丫、伐根、梢头、倒木等剩余物的一项工作。如果造林地的植被不是很茂密，或者采伐后的迹地上没有太多的残余物，那么就不需要进行清理工作。清理的主要目的是为了方便后续的整地、造林等操作，并清除森林病虫害的栖息环境。

1.割除法清理

这种清理方法是针对幼龄杂木、灌木、杂草等植被进行全面、带状或块状的人工或机械割除，然后堆积起来等待自然腐烂或运出利用。

（1）全面清理

适用于杂草茂密、灌木丛生或准备全面进行土壤翻耕的造林地。全面清理的工作量较大，会增加造林的成本，但有利于小株行距的栽植和机械化割除。

（2）带状清理

适用于植被稀疏的地区、低成本的造林地、莎草地、陡坡地以及不需要全面进行土壤翻耕的造林地。带状清理的宽度一般为1～2米，相对省工，但如果带的宽度较窄，则不便于使用机械进行清理。在中国的华北石质荒山上，常采用带状人工割除的方式，把割除的植被堆积在未割除的带上，让其自然腐烂。

（3）块状清理

适用于地形崎岖不适合全面进行土壤翻耕的造林地。这种清理方法较为灵活，省工，并且常常在造林前进行。虽然块状清理的效果较小，但它有利于防止水土流失，因此在生产中应该推广使用。

2.火烧法清理

火烧法是将灌木、杂草砍倒并晾干，在无风、阴天或清晨、晚间进行点火燃烧的清理方法，通常适用于植被较为茂密的造林地。

在南方山区，因为杂草和灌木较多，常常采用劈山和炼山的火烧清理方法：就是将造林地上的杂草、灌木或残余木材砍倒（劈山），除了运出可利用的小木材和小料，剩余部分晾干后进行燃烧（炼山）。

（1）劈山

不同地区的劈山季节不同，一般适宜于夏季的7月至8月。在这个时期，杂草和灌木生长旺盛，地下所积累的养分相对较少，因此劈除之后可以抑制它们再生的能力；此时杂草的种子尚未成熟，容易被消灭；此外，夏季阳光强烈，杂草和灌木砍倒后更容易干燥。

（2）炼山

一般在劈山后一个月左右进行，此时杂草和灌木已经足够干燥。在进行炼山之前，应将周围的杂草和灌木堆积到中间，并打出一条长度为8～10米的防火线。选择无风、阴天，从山的上坡位置点火，需要有人在周围看管，严防火灾蔓延。

3.化学药剂清理

这种方法使用化学药剂来杀除杂草、灌木等植被。化学药剂清理是近年来开发出的一种高效、快速的新方法。它的灭草效果好，有时可达100%，而且投入较少，不容易引起水土流失。在林地清理中常用的化学除草剂有二氯苯氧乙酸、五氯酯钠、西玛津以及氨基硫酸钠、亚硝酸钠、氯酸钠等。然而，在干旱地区，化学药剂的配制用水可能会面临困难，而且某些药剂可能会对环境造成污染。

（二）造林地整地的方法质量要求

造林地整地是指在进行造林前对林地土壤进行整理的过程。整地的目的是改善林地的环境条件，提高造林成活率并促进幼林的生长。因此，正确、细致、及时地进行整地是实现人工林速生丰产的基本措施之一。

1.整地方法

造林地的整地方法与农耕地的整地方法不同。首先，造林地种类繁多，地域广阔，面积庞大，自然条件复杂，立地类型各异。这决定了整地任务的艰巨性和方法的多样性。由于经济限制，通常只能进行局部整地。其次，林木的生长周期较长，一般只进行一次整地，这要求整地质量高，作用时间长，效果出色。

（1）全面整地

全面翻耕林地土壤主要适用于平原地区、无风蚀的沙荒地、坡度小于15°水土流失较轻的缓坡地，以及用于林农间作或营造速生丰产林的造林地。翻耕的深度一般应超过25厘米。全面整地可以获得良好的幼林生长效果，但劳动力需求较高，成本也较高。在有条件的地方可以使用机械进行全面整地。然而，在山地造林中，全面整地容易导致水土流失，所以不提倡在山地进行全面整地。

（2）带状整地

带状整地是指在造林地上规划成长条状的翻耕带，其中保留一定宽度的未耕带。这种方法改善了立地条件，有利于水土保持，便于机械化作业。带状整地适用于平原地区水分较好的荒地、风蚀较轻的沙地、坡度平缓或坡度虽大但坡面平整的山地，以及伐根数量不多的采伐迹地和林间空地等。一般来说，带状整地不改变小地形，比如平地的带状整地和山地的环山水平带整地。为了更好地保持水分和肥力，促进林木生长，整地时也可以改变局部地形，比如在平地可以采用犁沟整地、高垄整地，在山地可以采用水平阶梯、水平沟、反坡梯田、撩壕等整地方法。

（3）块状整地

块状整地是指在栽植点周围进行块状翻耕林地土壤的方法。这种方法不受地形条件限制，省时省力，成本较低，是广泛采用的整地方法，广泛应用于山区、丘陵地区以及平原、沙漠、沼泽等土壤较差的地区。

块状整地的面积大小应根据立地条件、树种特性和苗木规格来确定。如果植被稀疏、土壤疏松，采用小苗进行造林，则整地规格可以小一些；相反，如果植被茂密、土壤较好，则整地规格可以稍大一些。一般来说，每个块的边长或穴径都在0.3～0.5米。

在山地地区，常用穴状、鱼鳞坑等整地方法；在平原地区，常用坑状、高台等整地方法。

对于土层浅薄、岩石裸露、非常贫瘠的山地，或土壤质量较差的平地或山地，可以采用客土整地的方法，从其他地方取土堆入种植洞中。

2.造林整地的技术和规格的确定

为了保证整地效果，有利于幼林生长，除了根据实际情况选择合适的整地方法，还应注重整地的质量要求，特别是整地深度、破土宽度和断面形式的规格质量。

（1）整地深度

整地深度是整地技术中最重要的一个指标。确定整地深度时，应考虑地区的气候特点、造林地的立地条件、林木根系分布的特点以及经济和经营条件等因素。通常来说，在干旱地区、阳坡、低海拔、水肥条件较差的地方，以及适用于深根性树种或速生丰产林、经营强度较大的情况下，整地深度应稍大，一般在

50厘米左右。相反，可以适当减小整地深度。然而，整地深度的下限应超过常用苗木根系的长度，一般为20～30厘米。

（2）破土宽度

局部整地时的破土宽度应在自然条件允许和经济条件可行的前提下，力争最大限度地改善造林地的立地条件。具体应综合考虑水土流失可能性、灾害性气候条件、地形条件、植被状况以及树种对营养面积和经济条件的要求等因素。在风沙地区和山区，容易发生风蚀和水蚀，整地宽度不宜过大，但也要综合考虑其他因素，比如山区坡度不大、杂灌木生长茂密，在经营条件允许的情况下，破土宽度可以适当增大。

（3）断面形式

断面形式是指破土面与原地面（或坡面）所构成的断面形状。一般应与造林地区的气候特点和立地条件相适应。在干旱地区，破土面可以低于原地面（如水平沟、坑状整地等），并与地面成一定角度，以形成一定的积水容量。在水分过多的地区，破土面可以高于原地面（如高垄、高台整地等）。对于介于干旱和过湿之间的造林地，破土的断面形式应采用中间形式（如穴状、带状整地等）。

3.造林整地的季节

整地的时间是保证发挥整地效果的重要环节，尤其在干旱地区更为重要。一般来说，除了冬季土壤封冻期，春、夏、秋三季均可进行整地。然而，最好选择伏天进行整地，这样既有利于消灭杂草，又有利于蓄水保墒。从整个造林过程来看，应该提前进行整地，这样有利于土壤充分熟化，杂草和灌木的根系能够充分腐烂，增加土壤有机质，改善土壤结构，调节土壤水分状况，同时发挥较大的蓄水保墒作用，提高造林的成活率。此外，提前整地也有助于安排劳力，及时进行造林，避免延误林业计划。最好在整地和造林之间有一个较多的降水季节。例如，如果准备秋季造林，可以在雨季前进行整地；准备春季造林，则可以在头一年的雨季之前，或至少也要在秋季进行整地。因此，提前整地一般要提前1～2个季节，但最多不超过一年。在实际工作中，进行大规模的群众性造林时，最好将整地时间与农忙时间错开。

对于容易发生风蚀的沙荒地，过早进行整地容易受到风蚀的侵害，因此应该随整随造。而对于一些新的采伐迹地，由于土壤比较疏松湿润，只要安排得当，也可以采用随整随栽的方式。

4.造林整地中的环境保护措施

（1）造林整地中的环保问题

传统的造林普遍采用集约的整地方式，适当的整地能够改善幼林的生长环境，提高造林的成活率，促进幼林的生长。但是，由于整地过程中会铲除植被并松动土壤，这会引起林地水土流失、地力下降等生态环境问题。

（2）造林整地中的环境保护措施

自然状态下的森林已经覆盖陆地数亿年之久，而且没有出现任何明显的自然退化现象。保持这种持久生产力的关键在于，在没有采伐或大规模干扰的情况下，使所有成熟林维持近似的动态平衡。群伐和整地对生态系统的营养元素迁移、土壤物理性质和速效养分供应、土壤微生物和生化活性等方面会产生显著的负面影响，导致土壤肥力明显下降。因此，为了降低林地干扰的强度，维持林地的可持续利用，必须改革传统的整地措施。

第二节　造林方法与幼林抚育管理

一、造林方法

种植技术对于幼树的成活和生长具有重要影响，因此在进行造林工作时，正确掌握种植技术，以确保造林质量。

（一）植苗造林

1.植苗造林的特点和应用条件

植苗造林是将苗木栽植在造林地上以形成森林的方法，也称为植树造林或栽植造林。植苗造林的优点在于苗木具有完整的根系、强大的生理机能，在栽植后容易恢复生长，对恶劣环境条件具有较强的抵抗力，且生产稳定，幼林生长旺盛，能够缩短抚育期。此外，经过苗圃培育的苗木易于集约管理，节省种子。然而，植苗造林的工序较为复杂，费用也较高，尤其是带土大苗的栽植。

植苗造林几乎不受树种和立地条件的限制，是一种应用最广泛、效果最好的造林方法。尤其是在干旱、水土流失、杂草繁茂、冻害和鸟兽害较为严重的地区，植苗造林是一种相对安全可靠的选择。

2.植苗造林的技术要点

（1）苗木的准备

①苗木种类

植苗造林所使用的苗木包括播种苗、营养繁殖苗和移植苗等。苗木的选择会受到林木用途的影响，不同的造林用途可能需要不同的苗木种类。例如，在建设用材林时，可以使用这三种类型的苗木，而在山地造林中，则主要使用播种苗或移植苗。近年来，容器苗造林得到广泛应用，对提高造林成活率有显著效果。

②苗木标准

苗木标准包括苗木的年龄和品质等几个方面。苗木的年龄会影响其适应性和抗逆性，所选择的苗木年龄取决于树种的生物学特性、立地条件和苗木的生长情况等因素。在大面积的山地造林中，一般采用一到两年生的小苗，因为小苗在育苗、起苗、运输和栽植的过程中相对省工，根系受损较少，在栽植过程中易于舒展根系，苗木的地上和地下部分水分平衡较容易，从而使得造林成活率高，生长状况较好。然而，小苗对杂草和干旱的抵抗力较弱，因此在栽植后需要加强抚育和保护工作。对于生长缓慢的针叶树苗或立地条件较差的地区，选择较大的苗木更为适宜。在进行街路绿化、修建风景林或培育珍贵树种时，为了快速见效，通常使用较大的苗木。

③苗木的保护和处理

植苗造林的成活关键在于苗木体内水分的平衡。若苗木失水过多，其生理机能将受到破坏，栽植后的成活率就会降低。因此，在从起苗到栽植的整个过程中，必须保护好苗木，特别是苗木的根系，以免其受到损伤和干燥。为此，应尽量缩短起苗到栽植的时间，使起苗与造林工作紧密相连。最佳的情况是即起即栽，苗木从苗圃运输到造林地后，应及时进行栽植。如果栽植前土壤较为干燥，可适量喷水。苗木从假植沟中取出后，应放入带有湿润草的苗木盛器中，并加以覆盖，及时栽植。

（2）造林季节

造林是一项季节性较强的工作，选择适当的造林季节有利于苗木的生长恢复和提高造林成活率。最适宜的栽植季节是指苗木具有较强的发芽和生根能力，同时易于保持苗木体内水分平衡的时期。这通常是指苗木地上部分生长缓慢或处于休眠期，茎叶的水分蒸腾量最少，而根的再生能力最强的时候。

同时，外界环境条件也需要考虑。例如，无霜冻、低气温、高湿度的环境有利于苗木生根，因为这些条件可以提供苗木生根所需的适宜温度和湿度条件。此外，还需要考虑到鸟兽、病虫害的规律以及劳动力等因素。由于中国地跨寒温热三个地带，各地区的地形、地势以及小气候都存在差异，并且造林所选树种繁多且特性各异，所以在确定造林季节时必须因地制宜。从全国范围来看，一年四季都有适宜的树种可用于造林。

（3）栽植方法

植苗造林主要可以分为裸根苗栽植和带土苗栽植两大类，而大面积栽植通常采用裸根苗。

①裸根苗栽植

裸根苗栽植指的是将苗木栽植时根部不带土的方法。目前，除了部分平原地区、草原和沙地采用机械化植苗，大部分地区仍采用手工栽植。手工栽植常用的方法有穴植法、靠壁植和缝植等。缝植法是指在植苗点上开缝栽植苗木的方法。栽植时，首先用锄头或植苗锹开一个缝穴，然后前后推挖，缝穴的深度略大于苗根的长度。随后将苗木根系放入缝中使苗根和土壤紧密结合，防止上紧下松和根系弯曲损伤。缝植法的栽植效率较高，如果操作技术认真，可以保证栽植质量。但是，缝植法只适用于土壤疏松、栽植侧根不多的直根系树种的小苗。

②带土苗栽植

带土苗的栽植是指在起苗时将根系带土，将苗木连同土壤一起栽植在造林地上的方法。由于根系被土壤包裹，能够保持原来的分布状态，不受损伤，栽植后根系不易变形，容易恢复吸水吸肥等生理机能。因此，以此方法栽植的苗木成活率高，生长迅速，能够尽快达到绿化的目的。然而，此方法的困难在于起运苗木不便且栽植费时，因此不适合大面积的造林。带土苗栽植通常应用于容器苗造林、城市绿化、四旁植树或栽植珍贵树种的大苗。

容器苗造林具有栽植技术简便、不受造林季节限制、能延长造林期限、便于调配劳力以及栽植成活率高等优点。采用容器苗造林时，从起苗到栽植整个过程都需要认真细致地进行，保持营养土的完整。对于根部不易穿透的容器（如塑料容器），应予以撤除。栽植时，应注意将容器苗周围的覆土分层压实，而不损坏原有的土团。覆土的厚度一般应覆盖容器上2厘米左右，并在苗木根部周围盖上一层草，以减少土壤水分的蒸发。

（二）播种造林

播种造林，又称直播造林，是一种将种子直接播撒于造林地上，使其发芽并生长成林的造林方法。

1.播种造林的特点及应用条件

播种造林省去了育苗和栽植的工序，操作简便，费用低廉，节约劳力，易于机械化。与天然下种类似，直播造林能够形成完整而均匀发育的根系，比移植苗更加自然。幼树从出苗初期就能适应造林地的环境，生长良好，能提高林分的质量。然而，直播造林的耗种量大、成活率低、成林速度较慢，尤其是在造林地条件较差、动物危害严重的地方，直播造林的成功性较低。因此，在实际生产中，植苗造林的应用范围更广泛。

播种造林的适用条件包括：首先，气候条件要好，土壤相对湿润疏松，杂草较少，鸟兽危害较轻，或者是植苗造林和分殖造林困难的地方；其次，播种造林的树种要求种源丰富，种子发芽力强，适合直接播种的树种包括松类、紫穗槐、柠条、花棒、梭梭等，以及大粒种子如栎类、核桃、油桐、油茶等。此外，对于移植困难且成活率低的树种，如樟树、楠木、文冠果等，也可以采用播种造林的方法。对于人烟稀少的边远地区，播种造林更为适宜。

2.人工播种造林

（1）播种季节

①春季播种

春季气温、地温和土壤水分等条件适宜播种造林，特别适用于松类等小粒种子。春季播种宜早不宜迟，早播可提高发芽率，幼苗具备较强的耐旱能力，生长迅速。但对于存在晚霜危害的地区，春季播种应避免过早，待晚霜过后再进行。

②秋季播种

秋季气温逐渐下降，土壤水分相对稳定，适合播种大粒种子，如核桃、油桐、油茶等。秋季播种无须储藏种子，种子在地下越冬，没有催芽作用，次年发芽较早，苗木出苗时间较为一致。但要注意不要过早栽种，以防当年发芽的幼苗遭受冻害。此外，还需要防范鸟类和鼠类的危害。

③雨季播种

对于春季旱情较为严重的地区，可以利用雨季进行播种。此时，气温较高，湿度较大，播种后苗木迅速发芽和出土，只需掌握适时播种的雨情，即可提高成活率。通常，较为可靠的做法是在雨季来临之前，用未经催芽处理的种子进行播种，遇到降雨即可发芽和出土。雨季播种还需考虑苗木在早霜来临前能够完全木质化。

（2）播种造林方法

播种造林方法包括穴播、缝播、条播和撒播等方式。

3.飞机播种造林

飞机播种造林又称为飞播造林或飞播，是利用飞机直接将林木种子播撒在造林地上的一种方法。飞机播种造林具有活动范围广、造林速度快、投资少、成本低、节省劳力、造林效果好、不受地形限制等优点。在过去60多年的时间里，中国的飞机播种造林经历了从无到有的过程，从小规模试验成功到大规模推广和持续发展，取得了令人瞩目的成就。它在优化和改善中国的生态环境、推动和促进农村经济发展、加速林业建设以及调整农村产业结构等方面起到了积极的推动作用。随着技术难点的突破和先进技术的推广，飞机播种的适用范围不断扩大，其优越性越来越显著，尤其在人力难以企及的高山、偏远山区和广阔的沙区进行植树种草和生态环境建设，具有特殊且不可替代的作用。

（1）飞机播种造林的特点

与人工造林相比，飞机播种造林具有以下特点。

①速度快，效率高

根据测定，一架运F-12飞机一个飞行日可播种 $1333 \sim 2667hm^2$，相当于 $2000 \sim 5000$ 个劳动日的造林面积。随着飞机播种造林技术的不断成熟，飞机播种在营造林生产中的比重逐步增加，预计飞机播种造林的速度将进一步提升。

②投入少，成本低

我国飞机播种造林的直接成本为每公顷125元，加上后期管护费平均每公顷 $150 \sim 300$ 元，仅为人工造林的 $1/5 \sim 1/4$。在国家财力有限的情况下，林业生态工程建设投入总体上不足且面临巨大的造林任务，节约造林成本是一项根本措施。

③不受地形限制，能深入人力难及的地区造林

我国地域辽阔，地形复杂，丘陵、山地和高原占国土面积的69%，沙区面积占15.9%。这些地区是生态环境建设的重要区域，也是造林难度较大的地方。目前全国适宜飞播的造林地主要分布在大江大河的中上游、人迹罕至的高山远山和沙地，仅三北地区就有 $425 \times 10^4 hm^2$ 适宜飞播的造林地，其中沙区面积为 $258 \times 10^4 hm^2$。这些地区交通不便，人口稀少，经济贫困，因此是飞机播种造林的广阔天地。

④掌握好播种季节和播种时机

飞机播种造林具有较强的季节性。播种过早，种子由于水热条件不够而不能萌发，容易受到鸟类和啮齿类动物的危害，导致大量种子损失，影响后期苗木生长。播种太晚，苗木生长期较短，难以应对伏旱和严寒的挑战。在适宜的播种季节，种子能够得到适宜的水热条件，迅速萌发生长，滞留在地表的时间较短，鸟类和啮齿类动物的危害较轻，确保苗木有足够的生长时间，增强其对干旱、炎热和低温的抵抗能力。通常情况下，飞机播种造林会在雨季来临之前完成。

⑤社会参与性强

飞机播种造林是一个多部门参与、多学科配合的系统工程。需要林业、民航、空军、气象、电信、交通等部门的协调合作，以及森林培育、病虫鼠害防治、通信、气象、遥感等学科的交叉渗透才能顺利完成。在播种后的苗木连续出苗的数年以及持续十年甚至更长时间的管护工作中，需要社会相关部门和群众的参与和配合。

（2）飞机播种造林技术

①规划设计

规划设计是进行飞机播种造林前的重要步骤。在规划设计中，必须严格按照飞机播种造林的技术规程进行操作。

A.总体设计确定播种地区

首先，要确定播种的地区。由于我国各地的自然条件存在较大差异，可以根据水分条件将地区划分为干旱、半干旱、半湿润和湿润地区。为了获得良好的飞播效果，飞播主要应在中国东南部降水量在500毫米以上的湿润和半湿润地区进行。另外，在综合考虑农业区划、林业区划以及造林绿化规划的基础上，按照县为单位编制飞播造林（种草）规划。规划内容主要包括播种区域名称、位置、

面积、树（草）种类、投资预算等方面。其次，需要对播种区域的地形地貌、海拔、土壤、植被、气温、水分、光照等自然条件进行调查，以评估飞播造林的适宜性；同时还需要调查播种区域附近是否有符合飞播使用机型要求的机场，如果航程过远，可以根据需要向省级林业和航空主管部门申请批准修建临时机场。

B.作业设计播区选择和调查

播种区域的选择和调查要求：适合飞机播种造林，适合所选树种的生长。播种区域的荒山荒地应集中连片，至少应有一个架次飞播的面积，宜播面积应占播种区域面积的70%以上。播种区域的地形应相对一致，有利于飞行作业。

通过路线调查和标准地调查相结合的方法，可以调查播种区域的植被条件、土壤条件、气象因素和社会经济条件。

选择适宜的飞机机型和机场：根据播种区域的地形地势和机场条件，选择适合的飞机机型；根据播种区域布局和种子、油料运输等需求，选择就近的机场。

航向、航高和播幅设计：一般航向应尽可能与播种区域的主山梁平行，沙区与沙丘脊垂直，并与作业季节的主要风向相一致；航高和播幅根据树（草）种特性、选择机型以及播种区域的地形条件确定。一般来说，每条播幅的两侧应各有15%左右的重叠，而在地形复杂且方向多变的地区应增加到20%。

②作业技术

作业技术主要包括树（草）种选择、植被处理和整地等步骤。

A.树（草）种选择

根据造林的目标，坚持适地适树的原则，并综合考虑树种供应条件等因素进行选择。

B.植被处理

一般情况下，对于植被覆盖度在0.7以上的草地和灌木覆盖度在0.5以上的地块，需要进行植被处理设计。针对水土流失和植被稀疏的区域，应提前封山育林。植被处理可以采用炼山、人工割灌或先割灌后炼山等方法进行。

C.整地

在干旱少雨地区和明显的干湿季节区域，根据社会经济条件，可以采取全面或部分粗放整地的方法。

D.播种

要严把种子质量关，坚持使用符合国家规定等级的优良种子，建立严格的种子检查、检验制度，并由国家认可的种子检验单位进行检验。飞播所使用的种子需要提前进行药剂拌种处理，以预防鸟兽危害，节省用种，保证飞播质量。根据历年气象资料和当年的天气预报，结合种子落地发芽所需的水热条件和幼苗当年生长达到木质化所需的条件，确定最佳播种时间。

飞行作业：必须确保正确的航向，只能选择南北方向，不可选择东西方向，因为东西方向会影响视线，难以保证飞行质量；要控制良好的航高，以避免漏播和种子落地不均匀；要及时获取准确的天气预报，确保飞行安全；需要与播种区域保持良好的联系，确保机场指挥工作的顺利进行。

成效调查和补植补播：飞播后必须对造林的成效进行全面调查。由于我国飞播造林受播种区立地条件、气候条件、种子质量、播种技术等因素的影响，实际成林面积通常只占播种面积的50%左右，因此为了提高飞机播种造林的成效，通常在飞播造林后需要进行补播和补植。补播和补植的树种可以与之前播种的树种一致，也可以不一致，以形成混交林。例如，江西省在飞播马尾松的林地上成功补植了木荷和枫香。

坚持封山育林：由于飞播造林的面积较大、范围广，而且由于播种时的处理较为粗放，幼苗在生长环境条件较差的情况下需要更长的时间才能长成森林，因此封山育林是巩固飞机播种造林成效的重要手段。飞播后的播种区域需要进行全面封山3~5年，然后再进行半封2~3年。全面封山期间严禁开垦、放牧、砍伐、采集草药和采摘等人为活动；半封山期间可以有组织地开放，开展受控的生产活动。

（三）分殖造林

1.分殖造林的特点及应用条件

分殖造林具有以下特点：利用树木的营养器官直接进行造林，节省育苗的时间和费用；造林技术相对简单，造林成本较低；幼林初期生长较快，能提早成林，缩短成材期，并能迅速发挥各种有益效能；保持母树的优良特性。

分殖造林适用于土壤湿润疏松的地方，最好是地下水位较高、土层深厚的河滩地、潮湿沙地、渠旁岸边等。适用的树种必须是无性繁殖能力强的树种，比如杉木、杨树、柳树、泡桐、漆树和竹类等。因此，分殖造林的应用受到树种和立地条件的较大限制。此外，分殖造林材料的获取较为困难，形成的林分容易早衰退化，因此在大面积造林时不太方便应用。

2.分殖造林的方法和技术要点

分殖造林是指利用树木的营养器官及竹子的地下茎等材料进行造林的方法。

（1）分殖造林的季节选择

春季是最适宜的分殖造林季节，此时气温回升，土壤温度增高，相对湿度较大，营养器官容易生根或发芽，保持水分平衡，幼苗成活率较高，生长良好。秋季气温逐渐下降，土壤水分趋于稳定，植物地上部分的蒸腾大幅减少。在树叶刚刚脱落、枝条内的养分尚未完全下降至根部之前进行插条造林，枝条易于生根，有利于幼苗成活。但需要注意的是，在冬季不结冻的地区，也可以进行插木造林。

（2）分殖造林的具体方法

根据利用的营养器官部位（如干、枝、根等）和栽植方法的不同，分殖造林可分为插木、埋干、分根、分蘖和地下茎等多种方法。

①插木造林

从母树上切取枝干的部分，直接插入造林地，使其生出不定根，培育成林的方法。插木造林是分殖造林中应用最广泛的方法。根据插条的粗细、长短和具体操作的不同，又可分为插条法和插枝法两种。

②分根造林

从母树的根部挖取根段，直接埋入造林地，让其萌发新根，长成新的植株。这种方法适用于根的再生能力较强的树种，如泡桐、漆树、刺槐、香椿、文冠果等。具体做法是从根部挖取粗的2~3厘米长的根条，并剪成15~20厘米长的根段，然后倾斜或垂直插入土中，注意不要倒插。上端稍微露出土面并用土堆封住切口，防止根段失水，有利于成活。如果在插植前使用生长素处理，可以促进生根发芽，提高成活率。分根造林成活率较高，但根条采集困难，插植后还需要细心管理，因此不太适宜大面积造林。

③分蘖造林

利用毛白杨、山杨、刺槐、枣树等根蘖性强的树种根部长出的萌蘖苗连根挖出，用于造林。

④地下茎造林

利用母竹的竹鞭（地下茎）在土中蔓延，并发出新的竹笋，这是竹类特殊的造林方法。虽然竹类有多种造林方法，但最好的方法是移栽母竹，即将竹鞭连同竹竿移栽，成活率高，生长快，是生产上最常用的方法。

二、幼林的培育和管理

幼林的培育和管理是指在造林完成后、幼林郁闭前对幼株进行抚育和管理的综合措施。这包括对幼林进行松土、除草、水肥管理、幼林保护、幼林补植、检查验收以及建立技术档案等方面的工作。

（一）幼林培育和管理的内涵与方法

树木的种植只占三成，而七成取决于后期的精心护理。这充分表明幼林的培育和保护至关重要，其目标在于创造良好的环境条件，以满足幼树对水、肥、空气、热量和阳光的需求，从而促进其茁壮成长、成为可利用的木材资源。

1.松土和除草

（1）松土和除草的意义

松土和除草是幼龄林抚育措施中最为重要的技术手段之一。松土的作用在于疏松表层土壤，切断上下土层之间的毛细管联系，减少水分的物理蒸发；改善土壤的保水性、透水性和通气性；促进土壤微生物的活动，加速有机物的分解。然而，在不同地区，松土的主要目的存在明显差异。在干旱和半干旱地区，主要目的是保持土壤湿润；在水分过剩的地区，主要目的是排除多余的土壤水分，提高地温并增强土壤通气性；而在盐碱地，目的是减少春季返碱时盐分在地表的积累。

除草的主要目的是清除与幼林竞争的各类植物。杂草不仅数量庞大，而且繁殖迅速，适应性强，能快速占领营养空间，夺取并消耗大量水分、养分和阳光。灌木和杂草的根系发达且密集，分布广泛，并常形成紧密的根系盘结层，阻碍幼树根系的自由伸展。有些杂草甚至能够分泌有毒物质，直接危害幼树的生长。此外，一些灌木和杂草作为某些森林病害的中间宿主，成为引发人工林病害发生与传播的重要媒介。灌木和杂草丛生的地方也容易成为危害林木的啃食类动物的栖息地。研究表明，在未进行除草的幼林地，7～9月地下10厘米处的土壤含水率低于经过除草处理的幼林16%～68%。

（2）松土和除草的年限、次数和时间

松土和除草通常同时进行，但也可根据实际情况单独进行。对于湿润地区或水分条件良好的幼林地，若杂草和灌木繁茂，可只进行除草（割草、割灌），而不进行松土。或者先进行除草和割灌，然后再进行松土，并清除草根和杂草。而在干旱或半干旱地区，或者土壤水分不足的幼林地，为了有效地蓄水保湿，不论杂草情况如何，通常只进行松土。

根据造林树种、立地条件、造林密度和经营强度等具体情况，松土除草的持续年限应进行适度的调整。通常情况下，从造林后开始，需要连续进行数年的松土除草，直到幼林郁闭为止。幼林抚育的年限一般约为3～5年。对于生长较慢的树种来说，抚育年限应该更长一些。例如，东北地区的落叶松、樟子松和杨树的抚育年限可以为3年，水曲柳、紫椴、黄波罗和核桃楸可以为4年，红松、红皮云杉和冷杉可以为5年。需要注意的是，抚育年限的长短还受到造林地区和造林地的干旱程度以及植被的茂盛程度的影响。在干旱的地区或植被茂盛的地方，抚育年限应该相应延长。在气候湿润、土壤条件良好的地方，幼林高度超过草层高度之后可以停止抚育。此外，造林密度较小的幼林通常需要更长的抚育年限。对于速生丰产林来说，整个栽培期都需要进行松土除草，并且持续年限更长，然而在后期并不需要每年都进行松土除草。每年松土除草的次数受到多个因素的制约，包括造林地区的气候条件、造林地的立地条件、造林树种和幼林的年龄，以及当地的经济状况等。一般来说，每年的松土除草次数为1～3次。

（3）松土除草的方式和方法

松土除草的方式和方法应与整地方式相适应。如果是进行全面整地，那么需要进行全面的松土除草；如果是局部整地，可以采用带状或块状的松土除草方式。然而，这些并不是绝对的规定。有时候，进行全面整地的情况下也可以采用带状或块状的抚育方式，而局部整地的情况下也可以进行全面抚育。此外，也存在造林初年整地范围较小，后续逐步扩大以满足幼林对营养面积不断增长的需求的情况。

根据幼林生长情况和土壤条件的确定，松土除草的深度也需要进行相应的调整。在造林初期，苗木的根系分布较浅，因此松土深度不宜太深。随着幼树年龄的增长，可以逐步加深松土的深度。土壤质地黏重、表土板结或幼龄林长期缺乏抚育的树种，可以适当进行深松；特别干旱的地方则可以进行更深的松土操作。

总体的原则是，松土深度从树体距离根部较浅的地方逐渐加深，树小的时候松土深度较浅，树大的时候松土深度较深。对于砂土来说，浅松即可；而对于黏土来说，需要深松。湿土只需要浅松，而干土则需要深松。一般而言，松土除草的深度为5~15厘米，但在特定情况下，可以增加到20~30厘米。研究表明，竹类的松土深度超过30厘米，可以使出笋量增加80%，并且不会导致一二年内的出笋量下降。松土到45厘米的深度可以显著增粗新竹的胸径。深挖可以提高出笋率的同时，也会相应地提高退笋率。根据报道，经济效益最佳的松土深度为40厘米。

2.灌溉与排水

（1）灌溉的意义

灌溉作为维护林地土壤水分的有效手段，已经成为人工林管理不可或缺的措施。其对于提高造林成功率、保存率，以及促进人工林生长具有重要意义。灌溉有助于改善土壤水势，优化树木水分状况，刺激林木的生长。在干旱土壤情况下，灌溉能够快速改善林木生理状况，保持高水平的光合作用和蒸腾速率，从而促进生物质的合成和积累。此外，灌溉有助于保持树木的生长活力，促使休眠芽的萌发，推动叶片扩展、树干增粗、枝条延长，还有助于防止由于干旱引发的顶芽过早形成。在盐碱土壤上，灌溉可以清洗盐碱，改良土壤，甚至可以将不适宜生长的荒地变为适宜乔灌木生长的土壤。研究表明，在干旱季节的4~6月对毛白杨幼林进行灌溉，可以显著提高叶片的生理活性、光合速率，增加叶片叶绿素和营养元素的含量，从而使毛白杨幼林的胸径和树高净生长量分别提高了30%甚至40%以上。

（2）合理灌溉

①灌溉时期

决定是否需要灌溉的关键在于土壤水分状况和林木对水分的需求。对于幼林，灌溉可以在树木发芽前后或速生期之前进行，确保林木在生长季节获得充足的水分供应。对于成熟树木，是否在落叶后进行冬季灌溉需要根据土壤湿度来判断。例如，对于4年生的泡桐幼树，灌溉在4~6月进行可以显著提高土壤湿度，尤其是4月的灌溉可以明显促进树干胸径和新梢的生长。

②灌水的流量和灌水量

灌水流量是单位时间内流入林地的水量。过大的流量会导致水分不能迅速渗入土壤，形成地表积水，恶化土壤物理性质，同时也会浪费水资源。过小的流量会导致每次灌水时间延长，而且土壤湿润程度不均匀。灌水量取决于树种、林龄、季节和土壤条件的不同。一般要求灌水后土壤湿度达到田间持水量的60%～80%，并且湿土层要达到主要根系分布的深度。例如，在新疆干旱地区，幼林灌溉的浸润深度达到根系主要分布深度50厘米时，每公顷每次灌水量为450～600立方米，而对于成熟林地，浸润深度达到100厘米以上时，每次灌水量需750～1050立方米。

（3）灌溉水源

①引水灌溉

在水源允许的情况下，引水灌溉是主要的灌溉方式，包括蓄水和引水。蓄水主要通过修建小水库来实现，而引水则是从河流等水源引水用于灌溉。

②人工集水

在干旱和半干旱地区，由于气候、地理和社会因素的综合影响，植被稀疏，风速较大，蒸发作用强烈，土壤水分流失加速，旱情十分严峻，对林木的生存和正常生长造成了严重限制。考虑到干旱半干旱地区的地理多样性，很多地方难以进行传统的引水灌溉，例如，黄土高原的大部分地区，年平均降水量仅为300～600毫米，而且降水在时空分布上极不均匀，雨季主要集中在7、8、9三个月，春季干旱情况严重，伏旱和秋季干旱的发生率也相当高。因此，采取集水系统几乎成为当地林业用水的唯一解决方案。

一项由王斌瑞等人在年降水量不足400毫米的半干旱黄土丘陵区进行的研究，采用了不同树种对水分的生理需求和区域水资源环境容量相结合的径流林业配套措施。他们通过人工引导地表径流并在当地进行拦截和储存，将较大范围的降水以径流的方式集中在较小范围内，以确保每年树木所需的水量达到1000毫米以上。这改善了土壤中的水分条件，使得造林成活率达到95%以上，林木生长得到了加速，从而取得了抗旱造林方面的突破性进展。

集水系统的成功与否在很大程度上取决于雨水的收集效果。虽然所收集到的径流量受降水量、降雨强度、土壤初始含水量和土壤入渗能力等因素影响，但集水率的大小也与集水区的地表状况密切相关。目前，有几种常见的集水面处理方式，包括使用薄膜覆盖、进行自然植被管理以及采用化学材料处理。化学材料处理方式包括使用钠盐、石蜡、沥青、高分子化合物YJG-1号和YJG-2号，以及土壤稳定剂和防腐剂等。钠盐可以改变土壤结构，导致土壤颗粒充填土壤孔隙，从而形成致密层，降低土壤的入渗率，因此一般适用于土壤黏粒含量高于10%的土壤。石蜡、沥青、YJG-1号和YJG-2号可直接堵塞土壤裂缝，减少渗入，提高产流率。

集水技术为林业生产开辟了新的水资源，使得收集到的水被储存在土壤中。如果能够在降雨季节时修建贮水窖或贮水池，就能够将雨水集中储存，以供旱季使用。然而，由于土壤剖面的蓄水容量有限，因此在雨水补给地区，在旱季仍然可能存在水资源供应不足的问题。

③井水灌溉

在一些地区，存在可供利用的地下水资源，并且在需要的时候可以打井取水进行灌溉。这是一种常见的灌溉方式，尤其适用于那些地表水资源有限或不稳定的地区。通过钻探井口并抽取地下水，可以为农田、林地和其他用水需求提供可靠的水源。这种方法通常需要考虑地下水的可持续性利用，以免过度抽取地下水导致水位下降和水质问题。因此，在进行井水灌溉时，需要进行合理的规划和管理，以确保水资源的长期可持续利用。

（4）灌溉方法

①漫灌

漫灌是一种工效高但用水量较大的灌溉方法。它要求土地必须平坦，否则容易导致水流冲刷并导致不均匀的水分分布。

②畦灌

畦灌是在将土地整理成畦状后进行的灌溉方式。这种方法灌水方便，能够实现水分的均匀分布，同时也能节省用水。然而，它需要更细致的操作，并且需要投入更多的人力和工作。

③沟灌

沟灌的优缺点介于满地灌溉和畦间灌溉之间。它通常涉及将水引导到小沟渠中，然后让水均匀地流向植物根部。

④节水灌溉

节水灌溉是一种先进的灌溉技术，旨在减少用水量并提高水分的利用效率。这包括使用喷灌、微灌和自动化管理等技术。在中国，重点推广的节水灌溉技术包括管道输水技术、喷灌技术、微灌技术、雨水收集和抗旱保水技术等。

（5）林地的排水

①林地排水的重要性

林地排水的主要目的是减少土壤中的过多水分，增加土壤中的空气含量，促进土壤与大气的气体交换，提高土壤温度，促进土壤中的微生物活动和有机质分解，改善林地的营养状况，并综合改善土壤结构和理化性质。以下是需要设置排水系统的林地情况。

A.林地地势低洼，降雨强度大，容易形成季节性过湿地或水涝地。

B.林地土壤渗透性差，土壤下方有不透水层，导致假地下水位升高。

C.林地临近江河湖海，地下水位高或雨季容易发生淹水。

D.山地和丘陵地区，雨季容易产生大量地表径流，需要排水系统排水。

②排水时间和方法

在多雨季节或降雨过大导致林地积水时，应开挖明沟进行排水。在河滩地或低洼地，当雨季时地下水位高于树木根系分布层时，必须采取排水措施。可以通过挖掘深沟来排水，特别是对于黏重土壤或存在不透水层的地区，需要建设好排水设施。如果土壤含盐量较高，会随水的上升而在表层积聚，这可能导致土壤次生盐碱化，因此需要使用灌水淋溶的方法。中国的地理情况多种多样，南北降雨差异大，因此需要根据具体情况采取不同的排水措施。通常来说，南方需要更频繁的排水，尤其是在梅雨季节。北方则主要在7月和8月需要排水，因为这是多涝的季节。

排水可以分为明沟排水和暗沟排水：明沟排水是通过在地表挖掘明沟来排除表面径流水；而暗沟排水则是通过埋设管道或其他填充材料，在地下形成排水系统，将地下水位降低到所需的深度。

林地排水的效果受以下因素影响。

A.排水工程状况，包括排水网络的配置和排水沟的规格。一般来说，排水沟的间距在100～250米较为适宜。在泥炭层下面是砂土时，排水沟的间距应大于在黏土和壤土地区的情况。泥炭层越厚，排水沟的间距就应该越小。

B.泥炭地的特点，包括泥炭层的厚度和灰分含量，对排水效果有很大影响。

C.树种和树龄对排水的响应不同，强力排水可以显著增加各种树种的年生长量，如松树和云杉可以提高2～3倍，桦木可以提高1～2倍，黑杨和赤杨可以提高0.5倍。年轻的林木和成熟的林木对排水的反应也不同。

3.林地施肥

国际上，为了有效解决持续农业建设中的施肥问题，提出了一项被称为"综合植物养分管理系统"的概念。这一概念的核心思想是将各种养分资源以最佳的方式整合到一个综合系统中，以适应不同农作制度的生态、社会和经济条件，旨在维护和提高土壤肥力，并增加农作物产量。这个概念在某种程度上提供了一种解决农业可持续发展中肥料问题的方法。其基本特点包括将来自多种养分来源的资源，如化学肥料、有机肥料、微生物生产的氮、降雨中的养分等，整合到农业肥料管理体系中，并综合考虑和应用，以达到最大效益。这一概念不仅考虑了土壤肥力因素，还扩展到了生态和社会经济条件。在养分的利用方面，不仅要考虑有效部分的利用，还要考虑如何激活土壤中的潜在养分：通过选择适当的作物品种、采取合适的耕作措施、实施轮作制度和土壤改良措施等方法，充分利用土壤养分储备，同时降低养分流失。

（1）施肥的意义

①施肥的必要性

A.适用于造林的土地通常较为贫瘠，土壤肥力有限，难以满足长期林木生长的需求。

B.连续多代培育某些针叶树种的纯林会导致各种营养物质，包括微量元素，极度匮乏，进而导致土地贫瘠、理化性质恶化。

C.受到自然因素或人为因素的影响，土壤中的林下腐殖质数量有限，某些养分元素严重流失。

D.森林主伐、清理林场、疏伐或修枝等操作会导致有机物质的大量损失。

E.迅速使孤立的林木形成闭合林，增强其抵御自然灾害的能力。

F.通过施肥可以促进林木生长，降低初植密度，减少修枝、疏伐强度以及相关工作的工作量。施肥有助于提高土壤肥力，改善林木生长环境和养分状况，从而加速幼林生长，提高林分产量，缩短成熟期，促进母树结实，并控制病虫害的发展。

②林木所需的营养元素

在林木的生长过程中，它们需要从土壤中吸收多种化学元素，这些元素参与代谢活动或构建结构组分。林木的生长需要碳、氢、氧、氮、磷、钾、硫、钙、镁、铁、铜、锰、钴、锌、钼和硼等十多种元素。植物对碳、氢、氧、氮、磷、钾、硫、钙、镁等大量元素的需求较大，但这些元素在土壤中的含量相对较低。因此，氮、磷、钾这三个元素通常被称为"肥料三要素"。与此相比，微量元素如铜需要的量较少，但它们仍然对植物的生长至关重要。

（2）林木营养诊断方法

林木营养诊断是一种综合技术，用于预测、评估施肥效果并指导施肥。它包括了多种方法，如诊断施肥综合法、叶片营养诊断法、土壤分析法以及超显微解剖结构诊断法等。

①诊断施肥综合法

植物的生长状况不仅受到某一养分的供应数量影响，还受到各养分之间平衡的影响。诊断施肥综合法（DRIS）基于大量叶片分析数据，将这些数据按产量（或生长量）的高低分为高产组和低产组，然后计算各组内养分浓度的比值，最后通过比较高产组与低产组之间差异显著的参数，确定诊断指标，从而评估养分供求状况。

②叶片营养诊断法

叶片营养诊断法是通过检测和诊断植物叶片中的营养元素含量来评估植物的整体营养状况，这一方法也被称为叶片诊断法。不同树种因缺乏特定营养元素的影响而表现出不同的症状。让我们以杨树为例。当缺乏某些关键养分时，杨树的整个叶片会从绿色逐渐转变为黄褐色，通常从底部叶片开始出现黄化，然后逐渐向上蔓延；严重的情况下，叶片可能会变得薄小，植株生长速度会明显减缓。这是因为植物可能受到氮元素的限制。

③土壤分析法

在进行土壤分析时，我们通常会在树木正常生长的地点和出现营养元素缺乏症状的地点采集不同数量的土壤样本，通常范围在5～25份。有时，我们还需要在不同季节在同一地点采样，以比较两地土壤样本的营养元素含量差异。通过这种方式，我们可以推测在土壤中某种关键营养元素的含量是否低于支持某种树种生长所需的水平，从而导致该树种的营养不足。

④超显微解剖结构诊断法

缺乏特定营养元素的细胞结构通常会出现一些特殊的缺陷，这包括质体、线粒体等细胞器的异常或细胞壁内膜、核膜的畸形。这些症状通常会早于肉眼可见的症状出现，因此可以作为早期诊断的指标。然而，这方面的研究仍处于初期阶段，需要进一步的完善和深入研究。

（3）常用肥料

①有机肥料

有机肥料主要由有机物质组成，如堆肥、厩肥、绿肥、泥炭（草炭）、腐殖酸类肥料、人粪尿、家禽粪、海鸟粪、油饼和鱼粉等。有机肥料含有多种元素，因此被称为全面肥料。由于有机物质需要在土壤中经过微生物分解，才能被植物吸收和利用，因此其效果较慢，因此也被称为缓释肥料。

②无机肥料

无机肥料又称为矿物质肥料，包括经化学加工的化学肥料和天然开采的矿物质肥料。其特点是大部分是工业制品，不包含有机物质，含有高浓度的元素，主要成分可以溶解于水或容易被植物吸收，因此其作用迅速，大多数属于速效肥料。

③微生物肥料

微生物肥料是一类含有大量活跃微生物的生物性肥料，本身不包含植物所需的营养元素，其作用是通过微生物活动改善作物的营养环境，发挥土壤的潜在肥力，促进植物生长，提高植物的抗病能力，从而增加植物的生长产量。根据其作用机制，微生物肥料可以分为固氮菌、根瘤菌、磷化菌和钾细菌等各种细菌肥料，以及真菌肥料、放线菌肥料、固氮蓝藻肥料等不同类型的微生物肥料。新兴的EM（有效微生物）技术是一种由日本琉球大学的比嘉照夫等研发的新型综合微生物制剂。EM利用对树木有益的土壤微生物，经过培养制成各种细菌制剂。施用EM可以改善贫瘠的土壤，使其更加肥沃，同时提高肥料的利用效率。

（4）施肥的时间和方法

①确定施肥时间和阶段

优化林业经营必须明确施肥的时间和阶段。施肥时间是春季和初秋，也就是与树木生长的快速阶段相吻合。这种配合使得林木有时间及时吸收并使用肥料。比如杉木幼林就最适合春季施肥。总体说来，幼林、中龄林和近熟林的施肥时期，应根据树种在生长发育阶段的养分需求来确定。

②灵活的施肥量

树种的生物学特性、土壤贫瘠程度、林龄和施用肥料的种类都影响施肥量的决定。要获得最佳的施肥效果，就必须确切理解该树种在各个土壤条件下对不同比例的氮、磷、钾肥料的需求。因此，评估不同林分吸收的营养元素的总量以及对各种营养元素的吸收比例之间的异同，是确定施肥量的重要过程。

③氮、磷、钾的比例

合适的氮、磷、钾比例可以增强施肥效果。这种比例应根据气候、土壤以及各种树种的生态需要来决定。需要明确的是，树体内的营养元素比例与施肥比例是两个不同的概念：树体内的营养元素比例是由树木本身决定的，而施肥比例是根据施肥中各种营养元素的比例来确定的。

（5）施肥方法

林木施肥主要包括基肥和追肥，追肥又可以分为撒施、条施、沟施、灌溉施肥和根外追肥等。选择正确的施肥方法有助于实施合理的林业生产施肥策略。例如，研究发现，在花岗岩发育的黄红壤地区，杉木幼林施肥采用磷肥作为基肥一次性施入，其肥效优于造林后一年一次性追肥或分次追肥的效果。

（6）稀土在林业中的应用

稀土元素是一种自然生成的地壳元素，其在经济林木的影响中具有重要地位。稀土可以增加叶绿素的形成，提高光合作用的强度，加强根系吸收矿质元素，促进干物质的积累。适量的稀土还能改善果实的有机酸、脂肪、糖以及维生素C的含量。

（7）引入绿肥作物和改良土壤的树种

引入绿肥作物和诸如紫穗槐、赤杨和木麻黄等改良土壤的树种有助于提高土壤肥力和改良土壤。绿肥作物如紫云英、笤子、草木樨等大多具有固氮能力，可提高土壤含氮量从而增加土壤营养，同时它们的根酸含量有助于解决森林土壤瘠薄的问题。

（8）保护林内凋落物

保护林内凋落物对于林业经营的成功至关重要。凋落物层是林木和土壤之间营养的交换媒介。它们不仅可以增加土壤的营养物质含量，维持土壤的水分，使得土壤疏松并成团粒结构，还可以缓和土壤温度的变化。所以凋落物层是提高林土肥力，促进林木生长，维持森林生态系统平衡的重要因素。

4.幼林护理策略

（1）进行幼林的维护管理

①间苗

在播种和丛植造林时，基于苗木生长的速度和程度，需要进行及时的间苗和定株处理，这种操作可以一次完成，也可以分两次进行。树种生长速度较快，比如刺槐，应在苗木达到4~6厘米高时进行第一次间苗，在10厘米高时定株；相较之下，针叶树生长较慢，对丛生环境较为偏好，因此通常在第二年到第四年开始进行间苗操作。

②除蘖

这主要针对截干造林和平茬之后易出现的问题。通常，苗干上往往生长出2~10株萌蘖苗，当其高度达到20~30厘米时，应剔除大部分，只保留2~3株生长良好的萌蘖。

③平茬

对于萌蘖能力强、生枝繁多的树种，当2~4年生苗干不完美时，可以采取平茬方法让其重新萌芽。平茬时机应在落叶之后，待到春天树芽萌发之前进行，因为这段时间根内养分丰富，萌蘖能力强。

④摘芽

对于生长快速的一年生苗，应在侧芽刚萌出小叶未展开前，将苗干下部2/3的侧芽全部摘除，以确保整株树的健康生长。

⑤修枝

对于树干不直或侧枝较大的树种，应在造林后的2~4年内开始进行修枝，以方便其高度生长和降低疤痕。修枝时应保持茬口平整，以加快伤口愈合速度。修枝最好在落叶后，春季发芽前进行。

（2）保护幼林

幼林的保护策略扮演着保证新生林木生存并成功转变为健康林地的关键角色。这包括一系列措施，如封山育林、防火管理、避免疾病和害虫的侵扰，以及防止寒害、冻拔、雪折和光照灼伤等危害。

①封山育林

为了保护幼林，通常需要在林木平均高度未超过1.5米的前2~3年中实施封山护林措施。新造林地通常相对脆弱，容易受到各种不利因素的影响，如牲畜踏踩或土壤板结等。此外，不当的草地管理和柴火获取也可能伤害幼树，降低土壤肥力，对幼林的生长产生影响。因此，需实行禁牧、禁伐和禁割政策，同时，加强公众教育，建立一套完善的护林体系，并制定护林公约，实现封山与育林的有效结合。

②防火管理

在人工幼林中，特别是针叶树林，防火工作是至关重要的。必须确保护林防火机构的完善，制定并执行一套严格的防火规定，严格管理火源。同时，需多种植混交林和阔叶林，修建防火隔离带、林带，建立防火观察塔，并且强化巡管时间和频次，准确无误地提前发现火源，专门安排和培养护林人员进行火源监视。

③防治疾病、害虫等危害

在防治相关危害的过程中，需要遵循"预防优先，综合管控"的原则。在造林设计和施工阶段就应该采取各种预防措施。例如，通过种植混交林预防疾病和害虫的发生和传播，使用农药处理种子以防鸟类和啮齿动物等的害虫。同时，应以生物防治为主，配合药物和人工捕杀等综合措施进行疾病和害虫的防治。

④防止寒害、冻拔、雪折和日灼等危害

在冬、春风大，寒害严重的地区，对容易受寒害的树种，可在秋末冬初通过土壤覆盖进行防寒。对于土壤排水较差或黏度较大易于承受冻拔危害的树种，可通过提高地基，降低地下水位，覆草等方式预防冻拔危害的发生。在易发生雪折的地区，需要注意选择树种，并选在低海拔地区让树木生长，并在形成林冠后进行适当的疏伐和修剪。针对容易受到烈日灼伤的树种，需要避免在高温季节进行除草和松土作业。

（二）幼林检查和补植

检查与补种是森林植被建设的关键步骤，主要由执行机构及其上级管理机构实施，是评估执行机构工作成效的重要依据。主要内容包括对造林质量的全面评估，以及对抚育管理的评价。补种则涉及在造林成活率未达标准的情况下，对原造林区进行补栽。

1.幼林检查

保证造林质量是幼林检查的核心，这需要根据造林设计要求进行逐项审查与验收。其流程主要包括施工单位的自我检查，以及上级主管单位的复查和核查。

在造林过程中，需要实时对各项工作进行检查和验收，及时发现并纠正问题，包括林地清理、整地时机和规格、苗木规格、种植季节、种植坑规格、苗木包装、运输、种植过程中的苗木保护方法、种植深度、种植方式、种植后的土壤保持湿润的措施，以及当年的幼林抚育方法等。造林工作完成后，需要根据具体情况进行全面检查验收，一年后调查造林成活率。合格的项目将由检查验收负责人签发验收合格证；对于未达标的施工单位，需要及时补种或重新造林，待合格后再发放检查合格证。

2.核查造林面积

核查造林面积的方法包括使用测量器械实测或按照施工设计图对每块区域进行核实，计算的造林面积应以水平面积为准。任何连续造林面积达到或超过0.067平方千米的区域，都应作为一个单独的片林进行统计。

3.造林成活率检查

根据造林技术规程，使用样地或样行法调查成活率。对于面积在10平方千米以下、10~30平方千米、30平方千米以上的造林地的样地面积，分别占造林面积的3%、2%、1%。

4.人工林评定标准

（1）达标

年均降水量400毫米以上地区及灌溉造林区，成活率在85%及以上；年均降水量400毫米以下地区，成活率在70%及以上。

（2）需要补种

年均降水量在400毫米以上的地方，灌溉造林区，成活率在41%~84%；年平均降水量400毫米以下，成活率在41%~69%。

（3）重造

成活率在40%及以下。

5.补植

当造林成活率在41%~84%时，需要进行补栽；当成活率不足40%时，需要重新种植。无论补种还是重新种植，都必须及时进行。

6.造林保存率检查

人工造林3~5年后，上级主管部门（国有林场自查）根据造林施工设计检查验收合格证，对造林面积保存率、林木密度保存率进行检查，同时对林木成长情况进行评估，其结果需按规定入档。

第四章 林业工程生物多样性保护与有害生物综合治理

第一节 林业工程项目生物多样性保护与监测

　　林业，作为生态文明建设与生态环境保护的重要力量，承担着保护和恢复森林、湿地和荒漠生态系统的大任，维护着生物多样性和阐扬生态文明的使命。林业工程促使林业逐步转向生态的发展道路，兴盛建设和改善环境的国家生态环境项目，聚焦生态、环境和区域经济社会的可持续发展。林业工程依据生态学及林学原理，以及生态控制理论，着力推动以木本植物为主导的人工混合生态系统的设计、建设与调整。其核心目标是保护、改善和不断利用自然资源与环境，包括生态保护型、生态防护型、生态经济型和环境改良型等多类形式。林业工程的要义在于在整个区域中，基于各种土地类型以合并各类措施，设计和建设人工或自然的森林生态系统，并调控这些系统以达成物种共生和物质再生循环，不断改进整个人工混合生态系统的结构、功能、物质流动及能量流转，以提升整个系统的经济和生态价值，并实现生态系统的持续经营。林业工程的主要作用体现在扩大森林范围，提高植被覆盖率，阻止土壤侵蚀和荒漠化的恶化和扩大，缓解水资源紧张状态，改善区域的微气候与空气质量，固碳减排来延缓温室气体的排放，保护生物多样性，并推动地区经济的可持续发展。

　　林业工程的实施并不只追求经济回报的最大化，其核心更在于应用生态原理，重视保护和利用自然生态系统与建设和调整人工生态系统的平衡，强调生态系统的持续经营和生物多样性的保护。在林业工程实施过程中，生物多样性的保护成为现代林业的重要原则，同时也是林业工程的一个关键目标。只有坚持生态意识，我们才能在林业工程建设过程中有效保护生物多样性，才能实现基因多样性、物种多样性、生态系统多样性的保护，也才能真正达到林业生态建设的可持续发展，实现自然、资源、环境和人类之间的和谐统一。对生物多样性保护的重视，不仅关乎国家和民族利益，更关系到全人类的可持续发展。

一、生物多样性的价值及其保护的重要性

（一）生物多样性的价值

生物多样性是指动物、植物和微生物及其基因资源的丰富性，同时涵盖了它们与周围环境构成的复杂生态网络。这些生物与它们的环境相互影响，形成、维系各种生态过程。生物多样性作为人类生存和发展的基础源泉，其损失已经对人类的生活和发展带来严重威胁，每一次多样性的丧失都是不可逆的、不可挽回的。保护生物多样性对环境护卫和持续利用生物资源具有极高的重要性。生物多样性的价值不只显现在其直接价值（可以直接转化为经济效益的价值，如消耗性利用价值和生产性利用价值），还体现在间接价值（不能直接转化为经济效益的价值，如非消耗利用价值、选择价值和存在价值）以及潜在价值。

其中，作为生物多样性主体的植被系统，其直接价值主要表现为生物种类在供给食物、药品、能源和工业原材料等方面的价值。此外，野生生物在种质资源的交流、改进等领域也具有重要价值。间接价值涵盖了生态系统的功能，如提供能量、涵养水源、防洪抗旱、调节气候、防止水土流失、减缓自然灾害、吸收分解有机废物、农药和其他污染物、固碳释氧、净化大气等，在良好的生活、娱乐环境和休养场所，为人类的身心健康提供了支持。潜在价值则指尚未被开发的价值，众多的野生生物尚未被完全了解和利用，存在着海量的待发现潜力。

（二）林业工程项目生物多样性保护的重要性

1.增强森林生态系统的基础

林业工程能够在保留原有自然生态系统的基础上，通过人为设计和建造新的生态系统，进一步丰富森林植物、动物及微生物的种类和物种间的关系，创造更复杂、富有活力的生态体系。生物多样性是生态系统抗挫力和复苏力的基础，也是生态系统对环境变化的适应性的基石。

2.遗传基因的保存与生物演化的推动

以生物多样性为基础，在林业工程中，我们不仅能够保护和增强当地物种的多样性，也可以将更多适应极端环境如荒漠和高盐碱地的物种引入其中。这种多样性将带来更多的遗传基因，并有利于各物种之间基因的交流和生物的演化，推动生态系统的进化发展。

3.助推生态系统的稳定

生物多样性是生态系统稳定的基石。稳定的生态系统中，各个物种在长期演化过程中形成的相互作用和制约，保持了生态平衡。这种平衡依赖于生态系统内部的自我调节机制。生物多样性越高，生态系统的自我调节能力越强，生态平衡越容易维持。

4.改善环境状况

人人都追求更好的环境条件，而这也是林业工程的目标之一。通过增加生物多样性，我们能够在保持生物与环境协同发展的同时，创造出结构复杂，功能良好的生态环境，进而改善环境条件，推动生物的进一步发展。

5.推动经济发展

经济的发展与生物多样性息息相关。直接效益来自生物多样性为人类提供的生存所需的资源。间接效益则体现在生态系统向我们提供的气候调节、氧气生产、水源调节、土壤保护、营养循环、海岸线保护、洪涝灾害和水土流失的减少、农业害虫的控制、有毒废弃物的固定以及演化过程的推动等多方面。这些直接和间接的价值都有益于经济的持续发展。

二、制约林业工程项目生物多样性的主要因素

（一）造林设计的问题及其生态后果

造林工作是森林工程的核心部分，而造林设计作为其初始阶段，决定了后续所有工作的方向和质量。理想的设计应基于对特定地区自然条件、经济现状、土地资源和造林立地条件的深入了解。然而，对林业工程的真正意图和目标缺乏明确认识，导致造林设计过于单一，忽略了适地适树的原则。这种短视的策略，使得林区生物多样性降低，导致了林业项目的效果大打折扣。

例如，山区的造林目的在于生态保护，但目前的树种选择过于偏重某些种

类，忽视了当地的多种乡土树种。这不仅降低了生态效益，还使得森林生态系统变得容易受到打击。平原地区也存在相似的问题，由于强调速生树种，生态多样性丧失，导致一系列生态问题。

（二）乡土树种保护繁育不力影响树种的遗传多样性

乡土树种在保持生态平衡和生物多样性中起到了至关重要的作用。而目前优良的无性系和家系虽然经过了深入的研发，能够为用材林提供更好的生长速度和材质，但这并不意味着它们适合所有场合。当这些树种被用于生态防护或保护型林区时，可能会带来潜在的风险。这些无性系或家系的树种，因基因型一致，当遇到特殊的气候灾害或病虫害时，可能面临整体损失的风险。

（三）土地整理和抚育方法的不当影响生物多样性

整地是在造林前改善土地环境的一种重要实践，对保护土壤和水资源、提高造林成活率至关重要。然而，如果未根据地形、土壤状况和植被的特点进行适应性的整地，便可能导致原生植被损失，从而降低生物多样性，甚至加剧水土流失。

另外，过度强调选择目的树种并清除非目的树种的抚育管理方式也会丧失生态多样性。这种一味追求树木产量的做法，往往导致一些具有特殊作用的灌木和藤本植物的减少，从而削弱森林的自我调节能力。

（四）过大的造林密度对林下植被的发育产生影响

为了确保造林成活率，一般要求造林密度较大。但这会导致原有植被的破坏和单一植被的形成。大密度的种植使得新植树种林下难以发展其他植物，导致物种单一化，影响生物多样性的发展。

（五）盲目引入外来物种破坏森林生态系统的平衡

外来物种可能会占据本地物种的生存空间和养分，导致本地物种的减少或消失。这样的过程不仅降低了生物多样性，还可能引发各种生态问题，如水土流失、森林火灾和病虫害，甚至可能造成特有生物资源的丧失。

（六）农药的不当使用影响种群稳定性

不恰当使用农药可能导致土壤、大气和水环境污染，影响植被生存和生长，不利于生物多样性和生态系统稳定性的维系。施用农药时要考虑防治对象种类和特点，选择适合的农药种类和形式，不能盲目用药。如选择不当、使用过量等行为都可能对生态系统产生负面影响，降低生物多样性。

三、林业工程项目对森林生态系统的影响

（一）林业工程项目对生物多样性的影响

林业工程建设会对新造林地的生物多样性带来显著变化。新的林业工程项目，未经恰当的土地净化、整地以及封育，可能对原有的生物多样性造成影响。混交林的创建使林地在生物种类和空间结构上显示出异质性，为多样化生物的生存提供有利条件。新的动物种类——包括蛇、兔子、狐狸、各种鸟类——在新生林区安家落户，为区域生物多样性的提升作出了贡献。

（二）林业工程项目对土壤理化性质的影响

林业工程执行后，荒山、盐碱地被转变为含土壤—植物复合系统，同时，对土壤结构和养分作出了改善。总体来看，人工造林活动可以提升土壤的孔隙度和渗透速率，并增加土壤的有机质和养分含量，提升土壤质量。

（三）林业工程项目对病虫害的影响

通过构建多元化混交林，林业工程项目丰富了物种组成，改善了生境条件。这不仅能阻止病源传播，防止虫害和病菌过快繁殖，同时提升了树木的抗虫害能力。物种丰富多样，食物源增多，林内生物的数量增多，病虫害发生频率降低。

（四）林业工程项目可能出现的其他不利影响

1.林分结构单一、异质性差

天然的生态系统在物种组成、空间结构和年龄结构上展现出异质性特征，这种异质性为多种动植物的生存提供了机会和条件，有利于提高生物多样性水平

和促进生态系统的稳定演替。然而，在林业工程项目建设过程中，如果忽视对异质性的要求，导致栽种的树种少且配置不合理，使得林分结构单一、年龄结构相似，树木之间缺乏自然竞争、错落有致和层次丰富的林分空间结构。成林后，形成单一的冠层，阻挡大部分阳光，限制了林下其他植物的生长，抑制了多样性的提高。

2.种间生态交互作用匮乏，阻碍生态系统的健康运行

物种之间的相互作用对于维持生态系统的健康至关重要。在进行林业工程项目建设时，应考虑为其他物种提供足够的食物和栖息环境，以促进种间的生态交互作用。然而，在林业工程项目建设过程中，如果忽略了混交林的建设，由于林分结构简单、环境单一、食物缺乏，无法为动物提供充足的食物和栖息环境。这导致动植物种类显著减少，生物多样性急剧下降，种间的相互作用匮乏，不利于生态系统的健康运行。

3.林下植被缺乏，造成生物多样性降低

在林业工程项目区域，一方面，为了促进林木生长和经济林果产量增加，进行除草、中耕和抚育等管理工作往往会消除或减少林下的植被覆盖，导致生物多样性降低和地表覆盖度减少，增加了水土流失的风险；另一方面，一些项目区的初植密度过大，导致林分郁闭度增加，林下光照减弱，使得林下植被发育不良或缺乏生长机会，进而导致林下植被减少或缺失，这也会对生物多样性产生影响。地表植被覆盖度降低导致林分失去了涵养水源和保持水土的功能，增加了地面水土流失的风险。纯林的郁闭和林下植被的缺乏，或者由于抚育和除草导致的地表植被不足，通常会形成所谓的"绿色沙漠"，即远看绿油油，近看水土流。

4.生态系统脆弱衰退，动物栖息环境变差，病虫害频繁发生

生物多样性较低的林地，特别是针叶纯林，会对土壤中的微生物产生抑制作用，不利于土壤有机物质的分解和转化，导致营养循环过程受阻，进而导致矿物质元素循环失衡，土壤肥力下降，不利于多种植物的生长和发育。

生物多样性降低会导致物种之间的相互作用与反馈机制失调，无法为大多数动物提供足够的食物或适宜的栖息环境。这使得动植物的种类显著减少，林产品的丰富度也减弱。

生物多样性降低、生态系统脆弱以及食物链简化，生物天敌的种类和数量明显减少，这些使得树木更容易受到病虫害的感染。一旦出现病虫害，很容易造成

大面积的林木死亡。

四、林业工程项目的生物多样性保护

（一）生态造林的综合设计：聚焦生物多样性与可持续性

在林业发展和生态修复项目中，精心的规划和设计是成功的关键因素之一。它不仅影响树木和其他植物种类的选择和配置，还深刻地影响着整个林区的生态健康和生物多样性。在这一背景下，一个系统而全面的规划策略尤为重要，因为它可以确保项目的可持续性和生态平衡。

1.目标导向的树种选择

（1）适应目的多样化

在造林项目中，树种的选择应该完全符合该项目的主要目标。例如，保护林通常需要选择适应力强、生长迅速、长寿并且有强大的土壤和水分保持能力的树种；经济林应选择生长快、产量高、经济价值高的树种；一些特殊用途的林地（如风景林或薪炭林）则有其独特的树种要求。

（2）本土与多样性

在选择树种的过程中，强调本土树种的重要性是至关重要的，因为它们通常更适应当地的生态条件，并且不易导致生态失衡。除主要树种，也应考虑辅助和伴生树种，甚至预备树种，以确保生物多样性，避免由于苗木供应不足而导致的问题。

2.多层次的植被结构

（1）混交与复层

造林规划不仅需要考虑不同种类和类型的植物，还需要注意其在空间上的布局和组合。科学地利用不同植物之间相生或相克的关系，以及植物在不同高度和密度上的分布，可以创建出一个更健康、更具生物多样性的森林生态系统。

（2）立地与设计

在进行规划设计时，应根据不同的地形、土壤和气候条件来进行个性化的设计。例如，针阔混交林通常更有助于土壤改良和生态系统健康。同时，设计不同树种的相邻或带状混交可提高森林的生态多样性。

（3）生态效应

这种多层次和多元化的植被结构不仅能有效地减少病虫害的风险，还能为各种有益生物（如鸟类和昆虫）提供更多的生存机会，从而进一步提高生物多样性。这也将增强森林生态系统自我维护和自我更新的能力。

3.整地规格有效化

在林业工程项目中，整地设计是实现可持续的重要环节。为了兼顾生态保护和经济效益，在现代项目中，我们应借鉴已有经验，将"大坑、大苗、大水"的过时设计改为以"小坑、小苗、小水"为原则，具体如下：孔洞规格应在20厘米×20厘米×20厘米至30厘米×30厘米×30厘米，以最大程度地减少土地开垦，保护原生植被，减少对生物多样性的影响，同时也可以有效地减少水土流失。

4.造林密度科学化

造林密度的配置应根据项目的具体目标和方向进行配置。过多的造林密度会导致过多的抚育和间伐，进而增加成本，影响生物多样性，并导致生态环境破坏。合理的造林密度除了可以减少对原生植被的破坏，保留生物多样性，维持森林生态均衡，更可以在经济上实现效益和效率的平衡。

（二）基于生物多样性的树种选择：本土化与功能多样化

树种的选择取决于造林地的立地条件和树种的生物学和生态学特性。树种选择要依据定向培育、适地适树、生物稳定性原则，以乡土树种为主体，确定一定数量的造林树种或造林模型（含混交类型）作为候选树种，编制造林类型表，再根据造林小班的立地条件套用造林类型或造林树种。

1.倡导本土树种

在选择种植的树种时，我们应优先选择本土的乡土树种，因为这些树种具有更强的对当地气候和土壤的适应性，而这是外来品种所无法比拟的。但我们也不能完全排除引入经济价值高、观赏价值高的外来品种，前提是经过充分的适应性测试，并在种植过程中密切关注和监控，以确保它们不会对本土生态系统构成威胁。

2.功能化的树种选择

在选择树种时，需要尽可能实现功能多样性。这包括选择多种乔木和灌木，从而实现森林的多功能性和多效益性。同时，要模仿自然界中植物之间的关系，充分考虑植物、动物和微生物之间的生态互动，并在尊重生态系统物质循环和能量流动的基础上，做到植物种类、生态角色等各方面的丰富和互补。

（三）混交方式与生物多样性

近年来，随着环境问题的日益严重，人们对生态环境的保护和修复越来越重视。其中，混交林的建设被认为是一种有效的生态修复方式。混交林是指在同一林地内种植多种树种，通过不同树种之间的相互作用，达到增强生态系统稳定性和对灾害的抵抗性的目的。

要建设一片混交林，首先需要选择当地共生物种，这些物种之间能够互相协调，形成一个和谐的生态系统。通过种间协调作用，不同树种之间可以互相促进，形成一个良性循环。同时，多样化的森林类型也能够为野生动物提供更多的栖息地和食物，增加生态系统的稳定性。

混交林的建设方式也有多种选择，如带状混交、行间混交、块状混交等。这些方式都能够营造多样化的森林类型，形成多树种搭配、多层次的景观结构，使人工林天然化。这种多样性林地不仅可以为生态系统提供更多的生命力，还能够为人们带来更美好的观赏体验。

（四）林地整理与生物多样性

1.林地清理与生物多样性

（1）割除清理与堆积清理相结合

在进行林地清理时，也需要注意保持多样性。采用割除清理配合堆积清理的方式进行林地清理，不宜大面积割除，而是采用团块状、小片状清理。这种方式能够保留更多的树种，保持生态系统的多样性，同时也能够更好地保护土壤和水源。

（2）清理过程中注意保留原生树木

在林业工程项目区进行造林地清理时，不要彻底清除原生植被，特别是有野生的、珍稀的或原来人工造林树种残存时，要合理地进行保护，在保留的树种间交叉种植新的造林树种，以便培育出具有更好的生态服务功能和保护当地野生动植物的多物种混交林。

2.造林整地与生物多样性

在进行林业项目时，立地条件是一个非常重要的因素。不同的地形、地势、植被、土壤和树种等因素都需要考虑到，以确定整地措施。

（1）小规格块状整地，保护天然植被

在陡坡上进行造林时，为了保护集水流域和防止水土流失，需要注意选择合适的整地方式。一般来说，不宜大面积进行整地，而是要尽可能多地保留原生植被，只宜采用小规格的穴状整地，以改善集水功能和保护当地的生物多样性。为了保护陡坡上的生态环境，整地宜以种植穴为中心，采用块状整地方式。这种方式可以清除穴周的植被，同时在不影响苗木生长的前提下，尽可能采用小规格整地，尽可能多地保留原生植被。

块状整地可以根据立地条件分别采用穴状、鱼鳞坑和块状整地三种方式。穴状整地是在斜坡上开挖一定大小的圆形穴，然后在穴内种植苗木。这种方式可以增加土壤的保水能力，保持水源地的水质，同时可以防止水土流失。鱼鳞坑整地是将斜坡分成一系列小块，每个小块中心都挖一个鱼鳞状的穴，然后在穴内种植苗木。这种方式可以增加土壤的稳定性，避免坡面侵蚀，同时也可以促进树木的生长。块状整地是将斜坡分成一定大小的块，然后在每个块内种植苗木。这种方式可以减少坡面的侵蚀，保持土壤的稳定性，同时也可以提高树木的生长速度。

（2）带状整地，保护生物多样性

在轻微的斜坡或低于15°的中层土斜坡与沟底地带，水土流失是一大问题。针对这种情况，为了实现生态平衡和生物多样性的保护，带状整地显得尤为重要。此类整地方法可以有效减缓水土流失速度，同时为原生植被提供保护区域，从而为生物多样性的保护打下坚实基础。

①水平阶整地法

水平阶整地意味着将斜坡修筑为连续的狭长的梯形台面，与地面水平。这些平台的外缘可选择是否修筑土埂。一般来说，这些台面的宽度在0.5～1.5米，长度则在1～3米范围内，具体参数取决于地形。石山地带，特别是那些土层较为薄弱的区域，更适合采用这种方法。

②水平沟整地法

这是一个综合性的整地方法，其核心思想是沿等高线形成一系列梯形的沟渠。这些沟渠可以是连续或间断的，其外侧会有土埂加固。沟渠的深度通常为

0.3～0.5米，宽度为0.5～1米。而沟渠的长度则为2～4米，随地形的不同而有所变化。对于土层较厚的山地来说，这是一个非常实用的整地方法。

③隔带整地法

在平原或斜坡较为平缓的山地上，隔带整地法表现出色。为了在实际应用中更好地维护生物多样性，可以选择此法进行操作。整地带与斜坡面保持大致平行，带的宽度约为0.6～1米或3～5米，深度为0.25～0.5米，而带与带之间的距离应大于或等于整地带的宽度。

（五）森林封育与物种生物多样性的关联

森林封育是一种可以通过减少人为干扰从而促进林木生长的环保方法。这种方法不仅可以保护各种物种，增加森林的稳定度，还可以极大地缩短达成森林覆盖的时间。封育方法主要包含两个步骤：禁运和养护。禁运意指建立由行政管理层面与经济管理层面联合参与的禁运体系，为森林的生长和繁衍创造一个静态和健康的环境。养护主要是通过人为操作，如在初期的封育阶段在森林空地中进行植树或灌木种植，中期阶段进行树林的抚养，修剪，间砍，移除非目标树种等，从而不断提高森林分区的质量。

在林业工程项目区，禁运措施是高效的控制方式，特别是限制放牧，以减少对林木生长的干扰，加速树木和草地覆盖土壤，增强生物多样性和生态稳定性等。禁运的一些重要步骤包括：实行"山封森护草育"制度，安装标牌和界线标志，开设防火线，建立护林站，建设森林瞭望台，设定通信网络等。对于新造林地或经过补植的林地及时采取封禁措施，这不仅保护新造和补植树种免受人为损害，而且利于保护原有树种和植被，并使新造与补造树种与原有植被形成混交林，促进生物多样性的提高。

森林的养护基本上可以分为两个阶段：之前和之后的林木的全盛期。在它的全盛期之前，主要是为自然播种和发芽创造适宜的土壤和光照条件，具体方法有间苗、定株、整地松土、补植等。在其全盛期之后的目标是促进林木的快速生长和丰产，具体操作包括平茬、修枝、间伐等。培育帮助森林形成乔灌草相结合的混交复层林，形成良好的森林环境，将对减少森林病虫害有利，为森林的健康生长提供良好的基础。

（六）森林抚育对生物多样性的影响

作为森林经营的一个重要的组成部分，抚育对维护和增加森林生态系统内的生物多样性起到决定性作用。它为树木提供了优良的生长环境，提高了林木的质量，同时也为森林的生物多样性带来变化，影响了森林的生态功能。因此，在林业工程项目区，我们需要对幼林地进行高效的管理，也要对稚嫩的森林地与成熟的森林地进行适当的抚育管理。否则，这将对林业的可持续发展产生不利影响。

1.幼林地管理

（1）幼林的培育及维护

当涉及幼林的培育，所投入的工作应主要集中在幼树周围，包含扩大植株空间、松土和除草等操作，同时保持原始地面植被的尽可能多的自然状态。除草后的植物残余应留在地上作为覆盖物。同时，严禁搜集林下的枯枝落叶，从而维护森林土壤的水质和肥力。

在幼林中，应该根据需要进行必要的规模修伐，伐除密度过大的非目标树种或过密的幼树，但不应全部伐除，应该保留一定数量的非目标树种。此外，在修伐幼树时，去劣留优原则必须坚持。

（2）在耕作中培育幼林

为了增强土地植被的覆盖，我们可以在林地内进行农林间作，形成农林复合系统，增加生物多样性。在滨海盐碱区，我们可以推广林下间作农作物，降低土壤蒸发量，消除杂草竞争，并在树木两侧保留50厘米的保护带，实现"耕作替代抚养"的目标。

在倾斜地面，林间混种应沿平行线进行，不允许在倾斜度大于25°的斜坡上进行混种作业。为增加生物多样性，一些豆科植物的种植应在坡度处于15°到25°之间的地方进行。对于坡地林场，应尽可能避免梯形地整理，以免破坏原生植被。

2.中龄林抚育

当进入森林的中年阶段，我们应根据"生态林业"和"近自然林业"的理念，保留一定数量的非目标树种。非目标树种自然生长，适应性强。中龄林抚育的方法和要求包括如下方面。

（1）透光抚育

为增加林地内的目的树种数量，在稀疏的地段进行补种。通过均匀疏密、去劣留优、调整林分结构的透光抚育，可以维持水土和生物多样性。

（2）卫生伐

对于受林灾影响的林分，如病虫害、风折、风倒、冰冻、雪压、森林火灾等，清除生态功能明显下降的受害木。为了保留林分的郁闭度，保持森林生态环境，尽可能地保留受灾较轻的林木。

（3）修枝和割灌

修枝和割灌是改善林木生长条件的重要手段。合理的修枝可以显著提高干材的质量，刺激林木生长，因此要适当清除妨碍目的树种生长、幼苗高生长的灌木、藤条和杂草。在割灌过程中，注意保护有生长潜力的幼苗、幼树。

3.策略性择伐于成熟森林

对于成熟的森林，推荐采用策略性的块状择伐。此方法的核心思想是维护现有的森林结构，同时促进生态多样性和可持续性。在实施择伐时，我们应当优先考虑保留自然生长的年轻树木，并积极补植其他适宜的树种。目的是构建一个层次丰富、年龄分布广泛的异龄森林生态系统。

与传统的单一森林结构相比，这种复合森林系统在生物多样性、食物链的复杂性和生态平衡方面具有显著优势。多物种、多层次的结构为森林带来了更强的抗逆性，从而降低了因某些特定病虫害导致的大规模森林破坏的风险。

4.提升低效森林的生态价值

对于生产力不足的森林，我们需要根据其特性来实施不同的生态修复策略。例如，对于那些结构混乱、年龄差异大的次优森林，我们可以通过综合的修复方法进行培育和调整，包括补种、培育、结构调整、择伐以及森林下层的更新等策略，旨在全面提升森林的健康度和生产力；而对于那些生产力极低的单一林种，我们可以通过树种结构的调整来恢复其生态功能，具体措施包括更换树种、进行有策略的间伐、重点培育稀有和大径木等。整体目标是最大化森林的生态和经济价值。

实施这些策略时，应该遵循以下原则。

先补后伐：在伐木前，首先进行补种，以确保森林的连续性和生态完整性。

目标导向的伐木：主要伐除那些占据大量资源但对整体森林健康贡献有限的

树木，例如病弱、老化、生长不良的树木。

有针对性的补种：补种时应根据现有森林的结构、年轻树的分布和地形等因素来选择合适的树种和种植密度。

持续的森林管理：补种后需要进行持续的抚育和管理，确保新植树木健康生长，与原有森林形成有机整体。

5.多维度的森林病虫害管理

森林生态系统的健康和稳定，与其中的生物多样性有着密切的关系。在病虫害的管理中，生物多样性的维护和增强不仅关乎森林的生态安全，更是其可持续发展的关键因素。如何维护和增进这一生态多样性，走向生态平衡的管理之路，成了当前的重要议题。为实现这一目标，我们需要采用多种策略和手段。

（1）多样化的树种种植

通过增加树种的种类和数量，可以增强森林的生态韧性，使之更能抵御病虫害的威胁。

（2）加强树木的培养与管理

确保树木健壮生长，提升它们的自然抵抗能力。

（3）利用天敌资源

通过保护、引入或增殖天敌，强化对害虫的生态控制，以此维持生态平衡。

（4）坚持以生物防治为主的综合治理策略

病虫害防治坚持以生物防治、物理机械防治为主，以化学防治为辅助，综合防治的措施，尽可能减少农药用量。必须采用药物防治时，选用低毒、低残留或无公害农药。施用农药时注意喷洒量、喷洒时间、喷洒方式等，避免一次喷洒过量，以免造成农药浪费和多余农药流失进入环境。防止环境污染，确保人畜安全，尽量减少杀伤有益生物。

（5）保护有害生物的繁殖地和栖息地

采取合理的措施，保护病虫害天敌的繁殖地和栖息地，如鸟类、蝙蝠、蜘蛛、鱼类和青蛙等；避免过度使用杀虫剂杀死有害生物害虫的天敌，污染家畜和人类的食物链或水源，以免破坏生物多样性。

第二节　林业工程项目有害生物的综合治理

一、林业生态的隐形威胁：有害生物

森林作为地球上的绿肺，对维护生态平衡和人类的生存至关重要。然而，在这片浩瀚的绿色之中，也隐藏着一些不为人知的威胁。其中，有害生物就是一个不可忽视的因素，它们有时被形容为"无烟的森林之灾"，影响着森林的健康和生产力。

（一）种类繁多的有害生物及其危害

近些年，各种病虫害在森林中泛滥，不仅影响了林木的生长，更是给林业带来了巨大的经济损失。例如，松材线虫病、泡桐丛枝病、杨树烂皮病等20多种病虫害，年发生面积达到惊人的66.67万 hm^2。这不仅降低了木材的产量和质量，更是破坏了森林的生态稳定，威胁到造林和社会经济的持续发展。

（二）全球化下的生物入侵问题

在全球化的趋势下，物质与文化的交流不断加深，但同时一些有害生物也随之传播到了全球各地。这些"生物入侵者"在新的环境中，由于没有自然天敌，得以迅速繁衍和扩张。例如，美国白蛾、蔗扁蛾和日本松干蚧等外来害虫，已经在我国的森林中造成了不少损害。这不仅是一个国家的问题，更是全球范围内需要面对的生态危机。

（三）杨树病虫害的日益严重性

杨树，作为一种经常用于绿化的树种，其纯林在某些地方十分普遍，但这也为病虫害的泛滥创造了条件。例如，光肩星天牛和桑天牛等蛀干害虫，近年来出现了周期性的大规模暴发；而杨树的食叶害虫，如春尺蛾和杨白潜蛾等多种害虫连续、交替地发生，增加了控制的难度。此外，杨树还受到了溃疡病、破腹病等多种疾病的侵扰，严重地影响了其生长与经济价值。

二、林业工程项目有害生物综合治理的理论基础

林业工程项目的实施必须遵循生态系统平衡的原则，尊重生物群落演替的规律。为了实现这个目标，我们需要从系统、综合、整体的观点出发，科学地防控有害生物。有害生物的综合治理是一个复杂的任务，需要采用多种方法和手段，以实现项目区森林植物健康为目标。为了深入研究林业工程项目宏观生态和有害生物发生的数量生态学关系，我们需要掌握一些理论。有害生物治理主要基于以下三个理论。

（一）森林健康理论

森林作为地球上的绿肺，在维持生态平衡和多样性，以及在满足人类对资源和生活质量的需求方面扮演着关键的角色。为了长期持续实现这些功能，我们必须转变我们的思维方式，从简单地对抗森林中的病虫害转变为积极地维护和增强森林的健康。

"森林生态健康"是一种基于生态平衡的营林观念。在这个观点中，我们意识到单一的、单调的人工林往往容易受到各种生态威胁。相反，多样化和生态平衡的森林更能够自然地对抗这些威胁，同时也更好地实现水土保持和资源的持续产出。

要实现森林的生态健康，首先需要有一个明确的科学方案。这意味着我们不仅要对森林进行科学的建设和管理，以保持其稳定性和生物多样性，还要确保森林能够有效地抵御各种自然灾害，满足人类多元化的需求。针对这一目标，其中一个核心策略是增强森林自身的健康状况和生态环境。这可以通过对森林健康进行持续的监测，结合科学的营林方法，促进森林健康的恢复。此外，利用生物对策和抗病育种等手段，可以有效降低森林中病虫害的数量，提高森林的抗逆能力。

但是，我们必须认识到，健康的森林并不意味着完全没有病虫害或其他生态压力。相反，它意味着这些威胁在一定程度上存在，但是它们不会破坏森林的整体健康和功能。这种自我调节和系统稳定的能力，确保了森林能够长时间、持续

地为我们提供其经济、生态和社会效益。在过去，我们的关注点可能是特定的病虫害或其他问题，但现在，我们更应该关注如何维护和提高森林的整体健康。这就需要我们将传统的病虫害控制方法与生态健康的观点相结合，从根本上解决问题，推动森林健康理论朝更高的水平发展。在这样的理论框架下，培育健康、稳定和多样化的森林变得至关重要。这不再是简单地对付病虫害，而是着眼于如何通过生态手段，为森林、为地球、为未来创造一个更好的生态环境。

（二）生态系统理论

系统生态学探究的是一个更广阔的视角：它考虑生物群体在一定的地理区域内与其周边环境的交织复杂关系。在这个宏观框架内，所有生物和非生物元素共同构成一个紧密相连的、动态平衡的网络。

一个健康的森林生态系统体现出一系列的特质。首先，该系统在其自然演变的各个阶段都需具备充足的环境条件、生物多样性和复杂的食物链，以维持其结构和功能。其次，这样的系统具有较高的恢复力，能够在受到有限的外部干扰或环境压力后迅速恢复至前态。再次，系统内主导植被和生态过程间存在一种动态平衡，涉及诸如水源、光照、温度、生长空间以及各种营养物质等关键要素。最后，这样的生态系统应当为多种物种提供丰富多样的生态位，同时支持所需的生态过程和服务。

这种对系统整体性、稳定性和可持续性的强调，与传统的、片段化的生态观察有着本质的不同。在系统生态学视角下，整体性不仅是森林内生物和非生物要素的完备性，更包括它们间交互作用的和谐与统一。它考虑生物过程、环境变量和物理条件，以及这些因素相互影响、互为因果的复杂网络。稳定性在这里有着更加广泛的定义。它不仅是指一个系统对特定干扰的抗压能力，更包括在面临多种可能的环境压力和变化时，系统能保持其基础结构和功能不变，或者在受到影响后能够有效恢复。这样的系统具有高度的适应能力和弹性。可持续性在系统生态学里也被赋予了更深远的含义。它不仅指系统能在一定时间范围内维持其生态功能，还考虑到系统应对多样化挑战和长期变化的能力。换言之，一个健康的森林生态系统应能在多个时间尺度上保持或促进其内部结构、生态过程和功能的动态平衡。

通过对这些关键性质的深入理解，我们不仅能全面地把握一个健康的森林生态系统应具备的特质，还能有效地制定和实施针对森林保护和恢复的策略。这种从系统层面出发的方法有助于我们更为准确地识别和解决影响森林健康的多种因素，而非仅仅局限于单一的问题或干扰。这样的全面视角更有助于我们在复杂多变的现实世界中实现森林生态系统的健康和可持续管理。

（三）生态平衡理论

自然的生态系统，比如一片葱翠的森林，可以看作一个持续运转的开放式机器。这种机器特殊之处在于，其工作方式带有自我调节的特质。这种自我调节机制基于负反馈原则，助力系统在多数情况下维持其内部的均衡状态。

"生态平衡"这一概念描述的是生态系统通过不断的自我调整和发育达到的稳定状态。这种稳定性可以从结构、功能和能量流动三个层面去审视。在生物层面，我们可以观察到各生物体、物种之间的数量与相互关系达到一种平衡状态，而与其环境也存在一种共生共荣的关系。

我们可以通过探索物种之间的互动关系，更好地理解生态平衡。在一个特定环境中，各物种为了夺取阳光、水分、空间和其他生存必要资源而展开竞争。在长期的演化和互动中，这些物种找到了各自在数量和空间上的稳定位置。有趣的是，这种稳定并不意味着静态不变，而是一个动态平衡，它能够适应外部的变化和干扰，恢复并保持其自主的稳定性。

然而，这种动态平衡并非无穷尽。当外部干扰超出一定阈值，生态系统的自我调节能力会遭遇考验。过度的干扰可能会导致生态系统的结构受损，能量流与物质循环受阻，进而引发诸如生物多样性下降、食物网变革等问题。这种失衡状态可能导致生态系统的整体健康状况下降。值得注意的是，一个生态结构丰富、生物多样性高的系统，通常更具有自我调节和适应外部改变的能力。

从这一理论我们可以得出，在进行林业活动或工程项目时，如何确保生态平衡的重要性。当我们创建一个新的森林生态系统或进行森林恢复时，增加生物多样性是关键。我们应充分利用生态系统内部的制约机制，选择适应当地环境条件的树木种类，以及强调种植结构的多样性。这种方式不仅可以实现经济效益最大化，还可以为森林生态系统带来长期的生态效益和健康。

此外，在进行林业活动时，我们还需要持续监测和评估生态系统的健康状况，确保其生态平衡得以维持。只有通过这样的方式，我们才能保证森林的健康、生态的平衡，实现人与自然和谐共生。

三、林业工程项目有害生物的主要管理策略

（一）植物检疫的重要性和实施方法

植物检疫是一种防止危险性病虫传播的措施，由国家政府或政府部门通过立法颁布的强制性措施来执行。国外或国内危险性森林害虫一旦传入新的地区，其猖獗程度会比在原产地要大得多。因此，植物检疫是非常必要的，以保护国内的植物资源和生态环境。

对外检疫对象是指危害严重、防治不易，主要由人为传播的国外危险性森林害虫，对内检疫对象是指已传入国内的对外检疫对象或国内原有的危险性病虫。检疫对象分为国家级和省级两类。国家级检疫对象是指可能对全国植物生态系统造成重大威胁的危险性森林害虫，而省级检疫对象是指可能对省内植物生态系统造成威胁的危险性森林害虫。

对于检疫对象，除治方法包括药剂熏蒸处理、高热或低温处理、喷洒药剂处理以及退回或销毁处理。药剂熏蒸是将检疫对象放入密闭的容器中，用药剂熏蒸进行消毒。高热或低温处理是将检疫对象置于高温或低温环境中，通过温度的变化达到灭菌的目的。喷洒药剂处理是将药剂喷洒到检疫对象表面，达到杀灭有害生物的效果。退回或销毁处理是将检疫对象退回出口国或销毁掉。

（二）物理防控技术

应用简单的器械和光、电、射线等防治害虫的技术。

1.捕杀法

根据害虫生活习性，凡能以人力或简单工具如石块、扫把、布块、草把等将害虫杀死的方法都属本法。如将金龟甲成虫震落于布块上聚而杀之，或当榆蓝叶甲群聚化蛹期间用石块等将其砸死，或剪下微红梢斑螟危害的嫩梢加以处理等方法。

2.诱杀法

利用害虫趋性将其诱集而杀死的方法。本法又分为5种方法。

（1）灯光诱杀

利用普通灯光或黑光灯诱集害虫并杀死的方法。例如，应用黑光灯诱杀马尾松毛虫成虫已获得很好的效果。

（2）潜所诱杀

利用害虫越冬、越夏和白天隐蔽的习性，人为设置潜所，将其诱杀的方法。例如，于树干基部缚纸环诱杀越冬油松毛虫等。

（3）食物诱杀

利用害虫所喜食的食物，于其中加入杀虫剂而将其诱杀的方法。例如，竹蝗喜食人尿，以加药的尿置于竹林中诱杀竹蝗；又如桑天牛喜食桑树及构树的嫩梢，于杨树林周围人工栽植桑树或构树，在桑天牛成虫出现期间，于树上喷药，成虫取食树皮即可致死。此外，利用饵木、饵树皮、毒饵、糖醋诱杀害虫，均属于食物诱杀。

（4）信息素诱杀

利用信息素诱集害虫并将其消灭或直接于信息素中加入杀虫剂，使诱来的害虫中毒而死。例如，应用白杨透翅蛾、杨干透翅蛾、云杉八齿小蠹、舞毒蛾等的性信息素诱杀，已获得较好的效果。

（5）颜色诱杀

利用害虫对某种颜色的喜好性而将其诱杀的方法。例如，以黄色胶纸诱捕刚羽化的落叶松球果花蝇成虫。

3.阻隔法

于害虫通行道上设置障碍物，使害虫不能通行，从而达到防治害虫的目的。例如，用塑料薄膜帽或环阻止松毛虫越冬幼虫上树；开沟阻止松树皮象成虫从伐区爬入针叶树人工幼林和苗圃；在榆树干基堆集细沙，阻止春尺蛾爬上树干。此外，于杨树周围栽植池杉、水杉，阻止云斑天牛、桑天牛向杨树林蔓延；又在杨树林的周缘用苦楝树作为隔离带防止光肩星天牛进入。

4.射线杀虫

直接应用射线照射杀虫。例如，应用红外线照射刺槐种子1～5分钟，可有效地杀死其中小蜂。

5.高温杀虫

利用高温处理种子可将其中害虫杀死。例如，利用80℃温水浸泡刺槐种子可将其中刺槐种子小蜂杀死，又如用45～60℃温水浸泡橡实可杀死橡实中的象甲幼虫。浸种后及时将种实晾干贮藏，不致影响发芽率。以强烈日光曝晒林木种子，可以防治种子中的多种害虫。

6.不育技术

应用不育昆虫与天然条件下害虫交配，使其产生不育群体，以达到防治害虫的目的，称为不育害虫防治，包括辐射不育、化学不育和遗传不育。

（三）生态调控技术

森林是地球上最重要的生态系统之一，它不仅提供了人类生存所需的氧气、水和木材，还是许多野生动植物的栖息地。然而，森林也面临着许多威胁，其中之一就是有害生物的侵袭。为了保护森林生态系统的稳定和生态安全，需要采取有效的控制措施。

首先，了解森林生态系统的结构、功能和演替规律以及与周围环境、生物和非生物因素的关系是基础。只有深入了解森林生态系统的特点和规律，才能有效地开展有害生物生态控制工作。其次，需要掌握各种有益生物种群、有害生物种群的发生消长规律，考虑各项措施的控制效果、相互关系、连锁反应及对林木生长发育的影响。调控森林生态系统组成、结构并辅以生理生化过程的调控包括物流、能流、信息流等，有利于有益生物的生长发育并控制有害生物的生长发育。具体的措施包括抗性品种栽培，综合使用各种生态调控手段，减少化肥、农药等的使用。将有害生物防治与其他森林培育措施融为一体，组装成切实可行的生态工程技术体系，对森林生态系统及其寄主——有害生物——天敌关系进行合理的调节和控制，变对抗为利用，变控制为调节，化害为利。最后，遵循森林有害生物生态控制的原则、目标，以及森林有害生物生态控制的基本框架和现有的成熟技术，森林有害生物生态控制措施主要包括以下几点：一是综合防治，多措并举；二是重视预防，防患于未然；三是注重生态，生态优先；四是加强监测，及时发现问题；五是科学施策，因地制宜；六是强化组织，集中力量。只有坚持科学的、生态的控制思路和方法，才能够实现有害生物的有效控制，保护森林生态系统的稳定和健康发展。

1.立地调控措施

立地调控是指在林业工程项目中，通过一系列的措施对森林立地进行调整，以维护森林生态系统的平衡和健康。其中，立地因子与有害生物的大发生密切相关。因此，适地适树是森林生态系统健康的基本保证。

在森林生态系统中，立地是有害生物发生、发育、发展的最基本条件。因此，为了防止有害生物对森林造成损害，需要对立地进行调控。立地调控措施包括整地、施肥、灌水、除草、松土等。这些措施能够调整土壤环境，促进森林植物的生长发育，减少有害生物的发生。

然而，在实施立地调控措施时，必须考虑对有害生物和天敌的影响。因为有些立地调控措施会对天敌产生不良影响，从而影响天敌对有害生物的控制效果。因此，需要根据不同的有害生物和天敌，制订相应的立地调控方案。

此外，立地调控措施还必须与造林目标和措施相结合。例如，可以采用微生态调控技术，通过添加微生物和有机肥料来增加土壤有机质含量，促进土壤微生物的生长和繁殖，从而改善立地环境，提高森林植物的免疫力和抗逆性。

2.林分经营管理措施

林分经营管理措施在森林有害生物的控制方面起着重要的作用。这些措施包括生物多样性结构优化措施、林分卫生状况控制措施、林分地上和地下空间管理措施等。这些措施的对象可以是树木个体或林分群体。

在实施林分经营管理措施时，应注意措施的多效益发挥、效果的持续稳定性和动态性。这是为了确保这些措施不仅对森林有害生物的控制有利，而且对林分整体的抗逆性和林木的活力也有积极的影响。

这些措施的实施有助于调整林分及林木的空间结构，从而增强林分整体的抗逆性和提高林木的活力。这些措施能够间接调控森林有害生物的种群动态，直接控制森林有害生物的高发。因此，林分经营管理措施是森林有害生物控制的重要手段之一。

在实践中，林分经营管理措施的实施需要根据森林生态系统的特点和森林有害生物的生物学特性制订具体的措施方案。这些方案应该根据具体情况进行调整和改进，以确保其效果的持续稳定性和动态性。同时，应该加强对林分经营管理措施的监测和评估，及时发现和解决问题，确保措施的有效实施。

3.寄主抗性利用和开发

林木的健康和生长是保障森林生态系统稳定的关键。林木受到有害生物的侵袭是常见的问题，而寄主抗性利用和开发是一种有效的控制方法。这种方法主要包括诱导抗性、耐害性和补偿性。

诱导抗性是一种树木生存进化的重要途径。在受到有害生物的攻击后，树木会产生一些化学物质，这些化学物质可以抵御或减轻有害生物的侵害。这些化学物质可以通过遗传传递给后代，形成诱导抗性，提高整个林分的抵抗能力。

耐害性是指林木对有害生物的忍耐程度。林木的耐害性有助于维持整个林分的稳定性和生态系统的平衡。通过提高林木的耐害性，可以减轻有害生物的侵害，从而保护森林的生态系统。

补偿性是指林木对有害生物的防御机制。当林木受到有害生物的侵害时，会产生一些代偿性反应，以补偿甚至超补偿由于有害生物造成的损失。这种补偿性反应可以促进整个生态系统的稳定。

在控制有害生物方面，应该充分利用生态系统本身的机制，发挥生态系统的自我调节功能。例如，增加森林生态系统的多样性，降低有害生物的侵害风险。此外，加强森林管理，防止有害生物的传播，也是控制有害生物的重要措施之一。

（四）生物防控技术

生物控制是一种利用生物有机体或自然生物产物防治林木病虫害的方法。在森林生态系统中，生物之间通过食物链相互联系，这种联系具有一定的自然调节能力。结构复杂的森林生态系统中，天敌数量丰富，天然生物防治能力强，害虫不易成灾。但是，成分单纯、结构简单的林分内天敌数量较少，对害虫的抑制能力差，一旦害虫大发生就可能造成严重的经济损失。因此，了解这些特点对人工保护和繁殖利用天敌具有重要的指导意义。

生物控制是一种生态友好型的防治方法，与化学防治方法相比，它无污染、无残留，对环境和人体健康不会造成危害。同时，生物控制的效果也比较持久，能够长期有效地控制害虫的数量。在实际应用中，生物控制可以通过引进有益生物、增加有益生物的数量、改善生境等方式实现。

森林生态系统中，天敌数量的丰富程度与森林生态系统的结构密切相关。结构复杂的森林生态系统中，天敌数量丰富，生态系统的自然调节能力也更强。因此，这种森林生态系统中，害虫不易成灾，林木的生长和发展也相对健康。相反，成分单纯、结构简单的林分内，由于天敌数量较少，对害虫的抑制能力也较差，一旦害虫大发生就可能造成严重的经济损失。

因此，对于人工保护和繁殖利用天敌来说，了解森林生态系统中的特点非常重要。人工保护和繁殖利用天敌可以通过增加天敌的数量，提高天敌的生存率，改善生境等方式实现。这不仅可以有效地控制害虫的数量，同时也可以保护生态环境，促进森林生态系统的健康发展。

1.天敌昆虫的利用

林业工程项目区是一个生态系统，包含了许多不同的成员，如植物、昆虫、鸟类、哺乳动物等。在这个系统中，天敌和害虫之间的相互作用是一个非常重要的环节。天敌是指能够捕食害虫的生物，如昆虫、鸟类、蜘蛛等，是害虫综合治理的重要手段。害虫则是指能够对林业工程项目区内的植物造成危害的生物，如蝗虫、蚜虫、毛虫等。在这个生态系统中，天敌和害虫之间有着密切的联系，这是在长期进化过程中形成的。在害虫综合治理过程中，需要充分认识生态系统内各种成员之间的关系。生态系统是一个相互依存、相互作用的系统，各个成员之间的关系非常复杂。只有充分了解这些关系，才能够有效地控制害虫的危害。同时，也需要认识到天敌和环境之间的联系，因为环境的变化会影响天敌的数量和活动，从而影响害虫的数量和危害程度。生物控制是害虫综合治理的重要手段之一。生物控制的任务是创造良好的生态条件，充分发挥天敌的作用，把害虫的危害抑制在经济允许水平以下。为了实现这个目标，需要采取一系列措施，如保护利用本地天敌、输引外地天敌和人工繁殖优势天敌等。本地天敌是指生活在当地的天敌，对当地害虫具有天然的控制作用，需要采取措施保护它们的生存环境。输引外地天敌则是指从外地引进的天敌，有时候会比本地天敌更能有效地控制害虫，但引进之前需要进行科学评估，避免对生态系统造成不良影响。人工繁殖优势天敌则是指通过人工饲养等手段繁殖起来的天敌，可以增加天敌数量，从而增强害虫综合治理的效果。

（1）保护利用本地天敌

天敌是自然界中控制害虫数量的重要力量，尤其在天然林中，天敌的种类和数量更是丰富。为了最大限度地发挥天敌的作用，需要了解其生物学、生态学习性，并为其创造有利的栖息和繁殖条件。但是，人类的活动对天然林的破坏和干扰，导致天敌种群减少，这时候就需要人工补充寄主来帮助天敌得以延续和增殖。尤其是对于非专化性寄生的天敌昆虫，补充寄主更是必不可少的途径。补充寄主的功能不仅仅是为了提供食物，还包括改善目标害虫与非专化性天敌发生期不一致、缓和天敌与目标害虫密度剧烈变动的矛盾、缓和天敌间的自相残杀以及提供越冬寄主等。这些都是维护生态平衡的重要手段。在补充中间寄主时，需要注意选择适合的寄主，要充分考虑其对生态环境的影响。同时，也要注意不要引入外来物种，避免对原有生态系统造成不良影响。为了有效地控制农作物害虫，农民们通常会使用化学农药，然而这些化学农药对环境和人类健康都有着不良的影响。因此，寻找一种更加环保、有效的害虫控制方法就显得尤为重要。

天敌是一种天然的害虫控制方式，它们会捕食害虫，从而控制害虫数量。为了提高天敌的防治效能，我们可以采取以下措施。

首先，我们可以增加天敌的食料，比如在金龟子的繁殖基地分期播种蜜源植物，吸引土蜂，这样可以得到较好的控制效果。在天敌昆虫生长发育的关键时期，安排花蜜植物对保护天敌也是非常重要的。

其次，我们可以直接保护天敌。采取适当的措施对天敌加以保护，使它们免受不良因素的影响。比如，将寄生性天敌昆虫移至室内或温暖避风的地带，降低其冬季死亡率，或在冬季采取保护措施，降低成虫死亡率。

采用天敌控制害虫的方法，不仅可以避免使用化学农药的危害，还可以保证农作物的健康生长。因此，我们应该加强对天敌控制害虫的研究和应用，为农业生产提供更加安全、环保的保障。

（2）人工大量繁殖与利用天敌昆虫

人工繁殖天敌是一种有效的害虫控制方法。当害虫数量过多，而天敌数量不足时，通过人工繁殖天敌来控制害虫是一种可行的方案。但在繁殖天敌之前，我们需要了解天敌的生态特性、寄主范围、生活历期、繁殖能力等，并且为其提供适宜的中间寄主。

在我国，赤眼蜂类是大量繁殖和利用的主要天敌昆虫，其他如松毛虫平腹小蜂、管氏肿腿蜂、草蛉、异色瓢虫等也有繁殖和利用。在人工繁殖天敌时，我们需要注意种类、比例、温湿度控制和卫生管理，以防止复寄生数量和种蜂的退化、复壮，避免个体之间互相残杀。

在应用时，需要根据害虫预测预报，选择合适的释放时机、方法和数量。这不仅可以有效控制害虫的数量，还可以保护生态环境，减少化学农药的使用，对于农业生产有着重要的意义。

（3）天敌的人工助迁

在天敌昆虫的人工助迁方面，一些研究者发现，采集天敌虫口密度大或集中越冬的地方，将其释放到害虫严重的林地中，可以有效地控制害虫种群的数量。这种方法不仅可以利用自然界原有天敌储量，而且还可以减少对环境的影响。

2.病原微生物的利用

在病原微生物方面，病毒、细菌、真菌、立克次体、原生动物和线虫等不同类型的微生物都可以导致昆虫的流行病。这些微生物在特定条件下能够迅速地传播，从而导致害虫种群的大规模死亡。因此，利用病原微生物控制害虫也是一种非常有效的生物防治方法。

（1）昆虫病原细菌

农林害虫防治中常用的昆虫病原细菌杀虫剂主要有苏云金杆菌和日本金龟子芽孢杆菌等。这些杀虫剂被广泛应用于林业、农业和园艺等领域，以防治各种害虫。其中，苏云金杆菌是一种广谱性微生物杀虫剂，具有特别的杀虫效果。它的主要作用是对鳞翅目幼虫进行防治，如防治松毛虫、尺蛾、舟蛾、毒蛾等重要林业害虫。苏云金杆菌已经进入大规模的工业生产阶段，现在可以加工成粉剂和液剂用于生产防治。除此之外，日本金龟子芽孢杆菌也是一种常用的杀虫剂，主要用于防治苗圃和幼林的金龟子。这种细菌可以致病于金龟子类幼虫，从而有效地控制害虫数量。与其他杀虫剂相比，细菌类杀虫剂对环境的影响较小，不会对生态环境造成污染。细菌类引起的昆虫疾病之症状为食欲减退、停食、腹泻和呕吐，虫体液化，有腥臭味，但体壁有韧性。这是因为细菌会通过产生毒素和酶来破坏害虫的消化道、组织和细胞。这些症状往往会导致害虫死亡，从而达到防治害虫的目的。此外，细菌类杀虫剂还具有良好的稳定性，可以长期储存并使用。

（2）昆虫病原真菌

昆虫病原真菌在农业生产中扮演着重要的角色，可用于昆虫的生物防治。昆虫病原真菌种类繁多，其中最常用的包括白僵菌、绿僵菌、虫霉、拟青霉和多毛菌等。这些真菌能够引起昆虫的疾病，使它们的生长发育受到抑制，最终死亡。白僵菌和绿僵菌是最为常见的昆虫病原真菌，它们可以分别寄生200余种昆虫，并且可以进行大规模的工业生产。

昆虫病原真菌引起昆虫疾病的症状包括食欲减退、虫体颜色异常、尸体硬化等，这些症状会逐渐加重，最终导致昆虫死亡。昆虫病原真菌孢子的萌发需要适宜的温度和高湿的环境。在温暖潮湿的环境和季节使用昆虫病原真菌可以取得良好的防治效果。

昆虫病原真菌的应用在生物防治中具有广泛的应用前景。与传统的化学农药相比，昆虫病原真菌不会对环境造成污染，也不会对人体健康造成危害。此外，昆虫病原真菌具有针对性强、安全性高、使用方便等优点，因此在农业、林业、园艺等领域得到了广泛的应用。未来，昆虫病原真菌的开发和应用将会成为生物农药技术的一个重要方向。

（3）昆虫病原病毒

病毒是昆虫病原物中种类最多的一类，包括核型多角体病毒、颗粒体病毒和质型多角体病毒。这些病毒可以侵染各种不同种类的昆虫，导致它们的死亡。当昆虫被核型多角体病毒或颗粒体病毒侵染后，它们的身体会出现许多异常症状，如食欲减退、动作迟缓、虫体液化、表皮脆弱、流出白色或褐色液体等。但是，这些死亡的昆虫并不会散发出腥臭味，刚刚死亡的昆虫倒挂或呈倒"V"字形。

昆虫病毒的专化性较强，交叉感染的情况较少，一般一种昆虫病毒只感染一种或几种近缘昆虫。这意味着，昆虫病毒对不同种类的昆虫具有高度的选择性，而且不会对其他生物产生影响。这种专化性使得昆虫病毒在农业生产中具有重要的应用价值。农业生产中，昆虫病毒可以用于控制各种农业害虫，如蚜虫、白蚁、蚊子等。

昆虫病毒的生产需要靠人工饲料饲养昆虫，并将病毒接种到昆虫的食物上，待昆虫染病死亡后，收集死虫尸捣碎离心，加工成杀虫剂。这个过程需要严格的控制条件，在实验室中进行。由于昆虫病毒的生产成本较高，因此它们在农业生产中的应用受到了一定的限制。但是，随着现代科技的不断发展，昆虫病毒的生产技术也在不断提高，相信它们在未来的农业生产中会发挥更加重要的作用。

3.捕食性鸟类的利用

利用鸟类的天然习性，可以通过招引和保护措施来实现控制害虫的目的。

首先，悬挂各种鸟巢或木段是一种常见的方法。鸟巢的形状和大小应根据不同鸟类的习性而定。例如，鹰隼类的鸟巢应该比麻雀类的鸟巢大。鸟巢可以挂在林内或林缘，招引益鸟前来定居繁殖。不仅如此，保持鸟巢的干燥和清洁也是非常重要的，以保证鸟类的健康和生产力。

其次，在林缘和林中保留或栽植灌木树种也可以招引鸟类前来栖息。这些灌木可以在农田、果园和城市公园等地种植。通过这种方式，可以创造更多的栖息地，吸引更多的食虫益鸟前来。

最后，招引啄木鸟防治杨树蛀干性害虫收到了较好的效果。啄木鸟是一种善于利用树干上的昆虫和幼虫为食的鸟类。杨树蛀干性害虫是一种严重危害杨树生长的害虫。通过在杨树上挂鸟巢和保护啄木鸟等方式，可以有效地控制杨树蛀干性害虫的数量，提高杨树的产量和质量。

（五）化学防控技术

化学防治在农业生产中扮演着重要角色。它具有作用快、效果好、使用方便、费用低、能在短时间内大面积降低虫口密度等优点；同时，它也存在着易于污染环境、杀伤天敌、容易使害虫再增猖獗等缺点。

因此，在使用化学农药时，要遵循一些原则，如在预测害虫危害将达到经济危害水平时才使用，避免杀伤天敌，对症下药、适时施药、交替用药、混合用药、安全用药等。

农药也可以按防治对象进行分类，包括杀虫剂、杀菌剂、除草剂、杀螨剂、杀线虫剂以及杀鼠剂等。在使用时，应注意环境协调型农药的使用技术，即指定时、定量、定点施药，尽量选用只对靶标生物有作用的药物或施药方式，对非靶标生物和环境扰动小，有利于施药后生态系统快速恢复健康。

对于森林微生物的防治，应采取生态学调控手段，选用针对性强的、不伤害非靶标生物的无公害药剂，采取先进的施药措施，禁止使用广谱的药剂，尽量不要采用全面布撒的施药方式，防止造成面源污染。

因此，在使用化学农药时，要注意落实好各项使用原则，选用环境协调型农药，采取合理的使用技术，以保护环境、维护生态平衡，为农业生产的可持续发展提供保障。

（六）森林生态系统的"双精管理"

生态系统是人类生活和发展的重要基础，但随着人类活动的扩大和生产方式的改变，生态环境受到了很大的破坏和污染，导致生态系统的健康状况不断恶化。为了保护生态环境和促进可持续发展，需要采取一系列有效的措施，其中双精管理就是一种重要的手段。

双精管理，顾名思义，是指精密监测和精确管理。它的目的在于实时监测生态系统的状况，及时发现非健康的情况，采取先进的生物管理措施，恢复"患病"生态系统的健康。同时，也要采取合理的措施，维护生态系统在比较稳定的健康状态。

双精管理的关键在于通过先进的手段，实时监测，建立准确的预报模型和人工干扰模型，采用先进的生物管理技术，维护生态系统的健康。其中，实时监测是非常重要的一环，它可以通过传感器、遥感技术、无人机等手段，对生态系统进行全面、精准的监测，及时发现异常情况，进行预警和干预。

预报模型和人工干扰模型则是双精管理的基础，通过对生态系统的数据进行分析和处理，建立准确的模型，预测生态系统的发展趋势和变化规律。在此基础上，采用合理的人工干预措施，加强生态系统的保护和修复，保持生态系统的健康。

生物管理技术是双精管理的重要组成部分。它主要采用生物多样性保护、生态修复、生物防治等技术手段，促进生态系统的恢复和发展。

（七）森林有害生物持续控制技术

有害生物持续控制技术是基于森林生态系统独特的结构和稳定性，着重于发挥其对灾害的天然调节作用，通过与生态和其他有利物种的存活和发展相协调的手段，将害虫控制在生态、社会和经济效益可接受（或容许）的较小范围内，并实现时间和空间上的可持续防治。

（八）森林保健技术

森林保健是指通过一系列科学、合理的措施来培养、保持和恢复森林的健康状态，使其具有较好的自我调节和稳定性的能力。森林保健技术是实现这一目标的重要手段。它旨在保护、恢复和经营森林，维护森林的稳定性，提高森林的抗灾能力。

森林保健技术可以分为多个方面，包括森林病虫害防治、森林火灾预防、森林资源开发和利用等。其中，森林病虫害防治是保持森林健康的重要手段，通过采取合理的防治措施来控制病虫害的发生和蔓延，保护森林的生态系统稳定性。

森林火灾预防则是保护森林生态环境、维护生态平衡的重要途径，通过建立有效的预防机制、加强森林消防力量等措施来减少森林火灾的发生和蔓延。森林资源的开发和利用则是在满足人类对木材及其他林产品需求的同时，最大、最充分地持续发挥森林维护生物多样性、缓解全球气候变暖、防止沙漠化、保护水资源和控制水土流失等多种功能。

（九）工程治理技术

工程治理技术是适合我国国情的综合治理森林有害生物的新的管理方式。这种技术可以结合森林生态环境的特点，采用有效的工程手段和管理方法进行综合治理。在治理森林有害生物方面，这种技术可以有效地控制有害生物的繁殖和传播，保护森林生态环境。

第五章　林业对生态保护的作用

第一节　森林碳汇与减缓气候功能

一、森林碳汇的概述

（一）森林碳汇的概念

随着全球气候变化问题的日益严重，碳汇成了解决气候变化的重要议题。在国内，碳中和和碳达峰政策的出台，更是使得碳汇在国内的影响增强。在《联合国气候变化框架公约》中，碳汇指的是从大气中清除二氧化碳的过程、活动或机制。森林碳汇是指森林植被吸收大气中的二氧化碳并将其固定在植被或者土壤中，从而减少该气体在大气中的浓度的过程。

森林碳汇也被称为林业碳汇，是通过实施造林、再造林和森林管理，吸收二氧化碳并与碳汇贸易结合的过程、活动和机制。然而，需要注意的是，林业碳汇注重森林的经济效益，更多表达森林碳汇的社会属性；相较而言，森林碳汇注重森林的生态效益，更多表达森林碳汇的自然属性。

随着全球气候变化问题的加剧，碳汇对全球气候治理来说越来越重要。在国内，政策的推动也为碳汇的发展提供了重要保障。对于森林碳汇来说，实施造林、再造林和森林管理等措施，不仅可以减少二氧化碳在大气中的浓度，还可以带来经济和生态效益。因此，加强森林碳汇的发展，对实现碳中和目标和应对气候变化问题具有非常重要的意义。

（二）森林碳汇权概述

在当今环境恶化的时代，森林碳汇的作用逐渐受到重视。它不仅是大自然的守护者，而且是碳交易的有价之物。然而，要想实现有效的交易，首先需要确立清晰的权属。所以，明确森林碳汇权利是发展碳汇交易的重要基础，并且它还是激励各方主体参与碳汇供给的核心条件。在林业碳汇领域，这一权利赋予某一主体通过林木的碳吸收功能，固定大气中的二氧化碳，并因此获得经过核实的减排权。简而言之，虽然森林碳汇权的实体是森林碳汇，但要确立其权利属性却需要深入挖掘它的本质。过去，许多学者和专家在研究森林碳汇权时，多认为其权利实体是大气环境容量。而大气环境容量指的是大气作为一个生态要素，通过多种生物和非生物途径，对人类活动产生的污染物进行分解和存储的能力。例如，《联合国气候变化框架公约》中提到的"大气温室气体浓度"实际上是对大气环境容量在温室气体吸收方面的解释。这种解读导致了国际碳排放权的诞生。但这样的定义在实际操作中存在问题。首先，大气环境容量涉及的范围过于广泛，且难以进行精确的划分。再者，不同的主体在占有大气环境容量时，很难对其进行细致的区分。这与《中华人民共和国民法典》的物权上的排他性权益存在明显矛盾，因此大气环境容量很难作为碳汇权的权利实体。学者林旭霞则从不同的角度提出，应将"碳减排量"视为森林碳汇的权利实体。在民法中，权利的实体通常指的是某种利益。而在当前的森林碳汇实践中，通过种植和再造林，以及结合碳汇交易机制，最终体现出的利益便是"碳减排量"。这种理解强调了森林碳汇权不仅与"排放权"或"林权"有所区别，更重要的是它鼓励了森林资源的有效管理和维护。森林碳汇权的确立不仅是碳交易的基石，也是确保森林资源得到合理利用和保护的关键。为了建立健全的碳汇交易机制，我们必须首先明确其权利实体，从而为各方主体提供清晰的指导和激励。

（三）森林碳汇的价值

1.森林碳汇的生态价值

森林碳汇是指森林的生态功能，主要表现为吸收和沉降二氧化碳的能力。森林的碳汇能力依靠森林植被的光合作用，使得森林生态系统成为巨大的碳库。森林既可以成为碳汇，同时也可以成为碳源，需要保护和合理利用。森林碳汇具有不稳定性，需要保护和增加森林碳汇能力，逆转异常的碳汇状态。森林碳汇的生态功能是保护全球大气环境，维护生态平衡，减少气候变化带来的不利影响。保护森林碳汇是保护全球环境的重要任务。森林是地球上最重要的生态系统之一，是维持生态平衡的关键。森林不仅为人类提供氧气和食物，还能吸收大量的二氧化碳，减少温室气体的排放，降低气候变化的影响。森林碳汇的保护需要全社会的共同参与。政府应加大对森林保护的力度，加强森林管理和保护措施，保护和增加森林碳汇能力。企业和公众也应该积极参与，采取行动保护森林，减少碳排放，促进可持续发展。同时，合理利用森林资源也是保护森林碳汇的重要方面。合理利用森林资源可以促进经济发展，提高人民生活水平，但需要遵循可持续发展的原则，保护森林生态系统的完整性和稳定性，避免过度开发和破坏森林资源。

2.森林碳汇的经济价值

碳汇的经济价值是人为通过国际协议拟制出来的经济价值。随着全球气候变化问题的凸显，国际公约条约逐步建立起了以大气环境保护和大气环境可持续发展为目的的一个以碳交易为重要内容的国际新型交易平台。在这个平台上，各国可以通过碳交易来实现碳排放的削减，以达到应对气候变化的目的。各国也纷纷开展碳交易的国内项目实践，并积极努力将碳交易作为国内经济发展绿色转型的重要手段。在此过程中，森林以其独特的固碳功能，成为碳减排的重要内容。森林碳汇具备成为碳市场交易内容的可能性，让森林碳汇拥有了在碳市场上进行交换的价值。在全球范围内，森林碳汇已成为碳交易市场中的重要组成部分。一些国家和地区，如中国、印度、巴西等已经开始实施森林碳汇项目。这些项目不仅有利于减缓气候变化，还能够为当地经济发展提供支撑和带动作用。

碳汇作为一种减缓温室气体排放的手段逐渐受到国际社会的重视。其中，森林碳汇作为一种新型的交易产品，已经得到国际社会的认可。在《巴黎协定》中，有关森林碳汇的国际碳交易机制也得到了进一步的发展。森林碳汇的经济价值实现的可能性，源自国家发展的差异性导致的国家间森林碳汇项目合作。发展中国家可以利用资金和先进的技术来发展本国的森林碳汇项目，而发达国家也可以通过该种项目完成自己的碳减排任务。这种国际合作不仅可以促进地区经济的发展，而且可以实现全球碳排放的减少。森林碳汇在国家之间的交易使其成为一种商品，具有经济价值。发达国家可以通过购买二氧化碳排放准排量来满足自身经济发展的需求，从而使发展中国家与发达国家利用国家之间的碳交易，实现在本国生态保护和经济发展以及应对全球气候变化上的共赢。

3.森林碳汇的生态价值和经济价值之间辩证关系

生态价值是经济价值的物质承载基础。森林强大的自然生态功能是森林碳汇发展的依托。森林的生态功能可以吸收、沉降二氧化碳，形成碳库，提升全球的碳汇储量，缓解温室效应。经济价值的产生可以为生态价值的实现以及人的全面发展创造物质条件。因此，重视发挥森林的生态功能需要在把握自然规律基础上积极地、能动地利用自然、改造自然，追求健康、合理、向上的经济价值。通过国际国内碳交易机制的建立和完善，森林碳汇的经济价值可以为其环境保护价值提供可持续发展的物质基础，并且能进一步发挥森林碳汇的生态功能在生态文明建设上的作用力。这种碳交易机制可以使企业或国家通过购买森林碳汇的权益来弥补其碳排放量，从而实现碳减排目标。同时，这也为森林保护和生态修复提供了经济支持，促进了生态文明建设的可持续发展。

二、森林的适应与减缓功能

全球气候变化的主要原因是二氧化碳等温室气体的过量排放。森林作为地球陆地生态系统的主体，具有减缓和适应气候变化的双重功能。森林既是碳的吸收汇，也是碳的排放源。因此，增加森林碳汇与减少森林造成的碳排放是减缓气候变化的两个重要方面。森林是利用太阳能的最大载体。在光合作用过程中，森林可以吸收和固定大量的二氧化碳，将其转化为有机物质。因此，森林具有多种效益，兼具减缓和适应气候变化的双重功能。未来，增加森林碳汇、减少森林造成的碳排放将成为重要的措施，以应对全球气候变化的挑战。森林减缓气候变化的功能主要指森林在一定时期内稳定乃至降低大气中温室气体浓度的作用。森林能够吸收大量的二氧化碳，通过光合作用和呼吸作用等过程将其固定在植物体内，从而减少大气中的温室气体浓度。同时，森林还能够防止土地退化和水土流失，维护生态平衡，保护生物多样性。森林适应气候变化的功能主要体现在增强相关领域适应气候变化的能力。例如，通过森林保护和恢复，各国可以增加就业，减少贫困，提供食物与洁净水源，保护生物多样性，改善生态环境等。同时，森林还可以减少自然灾害的风险，如洪涝、干旱、滑坡等。通过森林的适应性措施，各国可以减轻气候变化对人类和自然环境的影响。

毁林所带来的影响却不容忽视。毁林指的是将有林地转化为非林业用地，这种做法会直接导致森林覆盖率降低，生物碳释放到大气中，森林土壤有机碳排放。这些直接影响会给生态环境带来严重威胁，同时也会对气候变化带来负面影响。为了应对气候变化，植树造林、森林经营和保护已经被国际社会认同和重视。这些与林业相关的措施可以减少温室气体排放并增加碳汇，缓解气候变化。此外，利用植树造林所产生的碳汇抵减减排义务也已列入相关条款。这些举措的实施，将有效地缓解气候变化的影响。在应对气候变化的国际谈判中，利用林业措施减缓气候变化受到高度关注，但资金支持、技术提供等仍是关键问题。为了进一步推进这些措施的实施，需要各国政府及相关国际组织共同努力，加强资金投入和技术支持，以保证这些举措能够得到有效的实施和落实。只有这样，我们才能够更好地应对气候变化，保护生态环境，实现可持续发展的目标。

第二节　林业与经济可持续

一、陆地生态系统中的第一性生产力

地球是一个充满生命的行星，生物圈是其中最引人注目的一部分。生物圈是由生态系统组成的网格结构，包括陆地生态系统和水体生态系统。这些生态系统相互联系和互为影响，构成了地球生态系统的基础。陆地生态系统占地球表面积的30%以上，面积为$149 \times 10^8 km^2$，包括森林、草原、沙漠、农田等生态系统。森林是陆地上最大最复杂的生态系统，占地球表面的9.5%，占陆地面积的32.6%。森林具有成层的光合面积和较高的叶绿素含量，是最有效的光能利用者。森林植物可以转化1%～20%的太阳能为生物能，是生物链中有机物的第一性生产者和生物能量的积累者。森林生态系统具有最高的净第一性生产力和生物总量，生物产量占全球生物产量的90%。森林生态系统的能量转化和物质循环过程最为旺盛，在维持陆地生态平衡中起着举足轻重的作用。除了森林，陆地生态系统还包括草原、沙漠、农田等。它们都是各自独立的生态系统，但它们之间也存在着互相联系和互为影响的关系。草原是生物多样性最丰富的生态系统之一，是许多草食动物的栖息地；沙漠则是最不适合生命存在的地方，但是仍然有一些生物适应了沙漠的环境生存下来；农田是人工改造的生态系统，虽然增加了食物的产量，但也会对自然环境造成一定的影响。

森林是陆地生态系统中最具有生产力的生态系统之一。它们不仅能够提供大量的木材和其他林产品，还能够在生产过程中吸收大量的二氧化碳，并为其他生态系统提供养分和水分。森林的生产力是由它们在光合作用中吸收的光能和二氧化碳转化为有机物的速率所决定的。相比于其他生态系统，森林的光合效率和生物生产力非常高，每单位重量的干物质所消耗的水分和养分也非常经济。此外，一些森林树种的耗水量也比较低，每生产1克干物质平均消耗的水分较少，这意味着森林可以更有效地利用水资源。

森林对维持陆地生态平衡、改善生态环境、促进农业高产稳产具有非常重要的意义。它们可以帮助防止土壤侵蚀和水土流失，减少气候变化的影响，保护野生动植物的栖息地，促进土地肥沃和改善水质。

二、森林生态效益与国民经济发展

为了真正实现经济的长期稳健发展，我们必须深入探寻和遵循其中的客观规律。短期利益虽然诱人，但若忽略长远的发展视角，会对未来产生不良影响。正确的做法是将即时的经济回报与长期的经济和生态双重利益进行权衡，确保生产活动与环境保护协同前进。这种思考方式要求我们更广泛地考虑生态经济整体系统，并持续优化其内部结构与关系。简而言之，社会经济的进步不应以牺牲生态平衡为代价。当我们谈到生态与经济的关系时，生态平衡无疑扮演着主导角色。因为只有当生态环境得到了维护和保护，经济活动才能得到真正的稳定和持续发展。实际上，生态平衡对经济活动有如基石般的作用。只有在生态保持稳定的前提下进行资源的利用，我们才能确保资源的合理与高效运用，从而实现真正的长期经济利益。

森林，作为陆地生态的关键组成部分，展现出了多样性的效益。它不仅是木材和林业副产品的来源，还蕴藏着多种经济效益。其独特的结构赋予了它高度的生物生产力，稳健的生态功能，和强大的抵御自然灾害的能力。此外，森林在涵养水源、调节气候、净化空气以及保护生态环境中都扮演着无可替代的角色，对提高人类的生活质量和健康状况具有积极意义。但遗憾的是，在过去的观念中，人们过于侧重森林的直接经济价值，如木材供应，而忽略了其对生态经济的间接贡献。事实上，森林与其他生态系统元素之间存在着互动和相互制约的关系，确保生态平衡得以维持。因此，不可否认，森林在陆地生态中起到的作用是至关重要的，其为我们带来的生态效益已逐渐为社会所接受和认识。

三、森林生态与农业生产

农业，这一宏大的生态体系，其运行不仅受到社会经济因素的调控，而且与自然环境因素紧密相连。物质的循环与能量的转化，在生物和非生物元素之间发生，使得农业体系中的各个环节形成相互支撑、相互促进的稳定状态。这种生态稳定是农业活动持续流畅进行的基石。如果这种稳定被扰乱，农业环境将面临退化，物质和能量的流动也将受阻，导致农作物的产量减少，生产能力下滑，乃至影响农业的根本生存条件。森林作为陆地上的主要生态组成，与农业之间存在着深厚的纽带。森林对调节气候、维护水源、固土防沙、优化土地等生态服务起到至关重要的作用，为农业创造了有利的生产环境。例如，森林覆盖能够增加大气中的水分，对地表的温度和湿度产生稳定作用，为农业提供了稳定的气候条件；森林的根系结构有助于固定土壤，防止水土流失，从而为农作物提供肥沃的土地；森林中的植被和土壤微生物等生物体，能够促进土壤中有机质的分解与转化，使土壤中的营养物质得以释放，为农作物提供必要的养分；森林还能够作为天然的风障，减少强风对农田的破坏，保护农作物免受风害。然而，森林的变迁也直接或间接地影响到农业生产。当森林被大量砍伐或退化时，农业将面临诸如水土流失、土壤退化、气候变化等生态风险。森林覆盖率的波动无疑会在各个层面上影响到农业产出和农村经济的稳健发展。

（一）调节气候

森林如一把遮阳伞，其繁密的树冠挡住了大部分太阳辐射。因此，林下的最高气温往往低于开阔地，而最低温度则相对较高，这使得林内的昼夜温差显著地小于无林区域。更为有趣的是，森林的存在还能够影响其周边地区的气温。例如，白天时，由于森林内部温度较低，空气密度较大，与炎热的空旷地产生温度对比，形成的气流将冷空气带出林区，而夜晚则反之。这一过程使得邻近的开阔地在日间避免了骤然的温度变化，并有助于减缓霜冻的影响，为农作物的生长创造了有利条件。

关于森林与降水的关系，尽管存在一些不同的观点，但大部分的观测资料都显示森林对水平降水有积极的调控作用。森林区域的空气湿度通常较高，气温稍低，结合树木引发的上空空气涡动，为水汽的凝结和降水创造了有利的条件。森林能够减少径流，使得更多的水分能够通过树木的蒸腾重新进入大气中，这进一步增加了雨水形成的可能性。

（二）保水保土

水土流失问题尤其在山区和黄土区为人们所关心，因为这是直接影响农业生产的自然灾害。幸运的是，森林的存在可以有效地减缓这一过程，其作用主要表现在以下几个方面。

1.森林的截持降雨作用

当雨水降落，首先会受到树冠、树干、灌木和草本层的阻挡，因而直接落到地面的雨量有所减少，这大大削弱了雨滴对土地的冲击力，从而减轻了土壤侵蚀的风险。

2.森林的水流调节作用

由于森林地层覆盖物增加了土壤表面的粗糙度，雨水流动的速度得到了有效的抑制。结合森林土壤良好的透水性，这意味着大部分的雨水会被土壤吸收，转化为地下径流，而不是直接流失。

3.森林的吸（蓄）水作用

森林的土壤和植被有出色的吸水能力。例如，一些研究表明，1千克的落叶层可以吸收高达1.8千克的水。随着时间的推移，这些水分会逐渐渗透到土壤中，补充地下水。

4.森林的保土作用

森林的根系如同大自然的护土者。它们深入土壤，将之紧紧锁定，避免了因雨水冲刷带来的土壤流失问题。此外，枯死的树根会逐渐分解，形成有机物，增加土壤的肥力，使其更加繁荣。

（三）防风固沙

强风对农业的影响是广泛的。从农作物的授粉过程中，高风速可能导致花粉流失，影响作物生长。此外，过强的风还会导致农作物倒伏、果实脱落，严重损害它们的生理活动。如同水与土地对农作物的重要性，风也具有双重性。在特定条件下，大风可以使作物需要消耗的土壤水分倍增。更为严重的是，当空气的湿度太低，尽管土壤中的水分可能充足，但旱风引起的不均衡的蒸腾过程会导致作物枯萎甚至死亡。

因此，在易受风害的地区，如何有效地减缓风速、优化气流结构并提高大气湿度，成了确保农业稳定生产的关键环节。在我国的平原农业区，利用森林带、植被网和农林互作技术，成功地对抗了有害的风势，优化了农田的气候环境。这些生态方法逐渐成了维护平原农业生态平衡的核心策略。

（四）改良土壤

水是生命之源，但在一些特定的环境下，过多的水可能导致土壤透水性差，结合高气温和不当的农业措施，使得土壤容易盐渍化。这种盐渍化过程，除了自然因素，人为因素如植被破坏也在其中起到了关键作用。土壤的盐渍化会严重损害农业生产，形成盐碱地，威胁着土地的肥沃性。但如何控制这种盐渍化的趋势呢？一种方法是通过土木工程措施，如建设排水系统，及时排除多余的地表水或地下水，结合合理的灌溉方法，达到冲洗土壤中多余盐分的效果。但这不是唯一的解决办法。引入森林生态系统作为治理措施已经展现出了其独特的优势。树木，作为生态系统的关键组成部分，具有强大的蒸腾能力，能够有效地吸收和散发大量的地下水分。例如，杨树在其生长季节内能够散发大量的水分，有效减少地表的蒸发，从而抑制盐分的上升。更令人兴奋的是，一些特殊的树种如柽柳和胡杨，本身就具有盐分排放功能，它们可以在高盐碱环境下生长，为土壤的恢复和改良作出了重要贡献。与土木工程相比，增加森林覆盖率并采用生态方法改良盐碱土地，不仅更为经济高效，而且更为持久和环保。通过这种方式，我们可以让土壤重新焕发生机，为未来的农业生产创造更有利的条件。

四、森林的环境保护功能

森林在保护地球环境，维持自然界生态平衡方面起到了举足轻重的作用，发挥着"总调度室"的整体功能。主要表现在如下方面。

（一）森林具有碳汇和净化空气功能

森林，在地球的低碳生态体系中占有不可或缺的地位。在植物成长的过程中，植物通过光合作用，吸收大量的二氧化碳，以生物量的形式固定，降低大气中的碳浓度，从而对抵抗全球变暖起到关键作用。每当我们看到绿叶吸收二氧化碳，呼出氧气时，我们应该意识到，其实它们正在消耗的二氧化碳是它们呼出的氧气的约20倍。在所有生物中，森林的一片树林是最能表现这一点的，它们每天可以吸收约67千克的二氧化碳，释放出约49千克的氧气。

反观我们人类，每天只需0.75千克的氧气，却会排放出0.9千克的二氧化碳，这些过多的二氧化碳，需通过大片的森林帮助吸收，以达到碳平衡。在人口密集或树木稀疏的地区，空气中的氧气含量相对较低，人们或许会感到不适。因此，我们倡导工厂、街道、都市等范围内增设更多的绿地。此外，森林的树叶还可以吸收和过滤空气中的有害气体、烟尘等污染物，使得我们所呼吸的空气宛如从森林中漫步出来的，新鲜而清明。

（二）吸收有害物质和杀菌作用

森林不仅能帮助我们吸收二氧化碳，产生清新、富含氧气的空气，而且更是一种天然的空气净化器，可以吸收包括二氧化硫、氟化氢、臭氧等在内的各种有害气体和微尘。今天，随着各种工业污染的加剧，空气质量问题越发严重。二氧化硫，这一最大的大气污染物，成了人们健康的杀手。粉尘和有害气体都对人们的生命安全构成威胁。然而，有了森林的存在，我们可以通过栽植更多的森林树木，美化启动环保计划，以此净化空气，为我们创造一个更健康的生活环境。

更值得一提的是，森林植物会分泌出可抑制细菌生长的物质，能有效减少空气中的细菌数量。某些树木种类，如胡椒树、雪松等，具有强大的杀菌能力。在它们的周围，空气中的细菌数量会明显降低。叶子上的皱褶和全蓬毛，也具有对空气中悬浮物的黏附和吸附能力，这起到了过滤空气的作用。这一切，都结晶在了森林这一大自然的净化器中，让我们能够在居民区、商业区和工矿区，都能呼吸到清新、无污染的空气。

（三）森林有减弱噪声的功能

在快速城市化的进程中，噪声逐渐成了扰乱人们生活清静的元凶。随着工业生产的繁忙以及城市人口的加剧膨胀，我们赖以生存、工作和学习的环境，越来越被令人窒息的噪声所笼罩。森林，这一大自然赋予我们的守护者，恰恰具有降低和阻挡噪声的强大能力。通过与声源隔离，以及吸收和反射声音，森林为我们抵挡和减弱了大部分的噪声污染。

事实上，城市绿化就是防治噪声污染的最有效方式。一片密布的森林，像是在城市的街头巷尾插上了一层抵挡噪声的屏障。一条宽达40米的林带，能够降低15～20分贝的噪声，让城市的街头巷尾有如乡村的郊外。即使只有30米宽的林带，也能够降低8～10分贝的噪声。尤其是在噪声大的地方，比如工厂周边、大街两旁、学校、办公区以及居民点附近，一面绿色的"墙"能抵挡住扰人的噪声，守护我们的宁静。

（四）美化和改善环境

森林是一种生活情趣，是一座城市的文明等级标志。它不仅具有调节气候、阻挡风沙、净化空气、稳固土壤、降低噪声等生态功能，而且还是我们生活的美化达人。它象征着气息生机，是居民享受美丽生活环境的守护者，是旅行者寻找美景的休息场所。它长年提供着清洁的饮用水以及丰富的林间产品种类。

在城市葱郁的森林公园中，三三两两的人打打皮球，散散步，游玩，享受清新的空气，如同置身山水之间。同时，森林公园给被无尽高楼大厦封闭单元间隔开的城市居民，提供了交流互动的空间，完美地解决了因现代城市生活节奏快，高层楼房不断拔地而起，近邻之间难以交流，密闭的空间形式所带来的沟通困难等城市生活的普遍问题。城市森林公园提供了一个公共的社交平台，使得生活在同一片城市天空下的人们，有机会相识、交流、互动，带来了人们互动的无尽可能。

五、加速发展，缓和矛盾与失调

森林，这一独特的生态繁复的天然系统，担任着维护大气的稳定循环，促进臭氧的生成，清除有害气体，减少空气中的灰尘，控制热污染，释放天然的抗菌物质，并有效缓解城市的噪声问题。为了维护生态平衡并调节生态经济的偏差，森林起到了无可替代的关键作用。因此，注重森林的保护和发展是维护国家福祉，保障未来世代的基石。

为了确保森林的生态和经济双重价值，以下五个措施尤为重要。

（一）深化林权制度改革

继农业改革之后，集体林权制度改革被视为农村的另一项重大调整，其意义在于激发农村的生产潜力和推动农村体制的创新。具体做法包括：明确产权划分，保障农民的承包经营权；增强投资，强化政策支持并完善森林保护制度；升级服务体系，推动林业服务的社会化；发展多样化的林业产业，提供更多增收途径；规范林权管理，确保农民权益得到维护。

（二）促进薪炭林建设

解决农民的生活用燃料问题对保护森林资源至关重要。应当根据当地的实际情况，将荒山、荒地等分配给农户作为自留地，解决其薪材需求。同时，林业部门应当培育高效的薪材树种，并提供相关的技术指导。

（三）恢复和扩展林业基地

重视林业建设，特别是重点林业工程，并推动快速增长且高产的林木种植。此外，还需进行林业经济管理的改革，确保生产与销售的统一和高效。

（四）深入研究森林的生态经济和综合效益

开展森林生态经济效益的量化分析，研究森林的综合效益及其计算方法，以及森林在公共福利方面的贡献。通过广泛的宣传活动，提高公众对森林在陆地生态系统中的关键作用的认识和保护意识。

（五）依法打击破坏森林资源的行为

根据《中华人民共和国森林法》，对任何破坏森林资源的行为应采取严格的法律措施。确保法律的严格执行和监管，利用法律手段确保林业的持续和稳定发展。

结束语

　　森林是社会生态系统的重要组成部分。重视林业发展中的生态保护，有利于提高林业生态效益，减少乱砍滥伐现象，为林业的可持续发展提供有力保障。因此，相关企业在发展林业产业时，还应注重林业资源生产中的生态建设，主动配合相关部门整治林区环境，合理调整林业发展规划方案，建设生态林业、绿色林业。总而言之，生态保护背景下，要想实现林业经济的可持续发展，就必须从技术、发展模式等多方面着手调整。除此之外，地区政府还应加大林业经济发展的政策支持力度，进而实现林业经济的可持续发展。

参考文献

[1] 王鹏，张军生．内蒙古大兴安岭主要林业有害生物防治历[M]．哈尔滨：东北林业大学出版社，2017．

[2] 白晓雷，王月华，张寒冰．农林业发展与食品安全[M]．长春：吉林人民出版社，2017．

[3] 吴英．林业遥感与地理信息系统实验教程[M]．武汉：华中科技大学出版社，2017．

[4] 余光英．基于博弈论和复杂适应性系统视角的中国林业碳汇价值实现机制研究[M]．武汉：武汉大学出版社，2017．

[5] 国家林业局农村林业改革发展司．林业服务手册[M]．北京：知识产权出版社，2018．

[6] 林健．林业产业化与技术推广[M]．延吉：延边大学出版社，2018．

[7] 王海帆．现代林业理论与管理[M]．成都：电子科技大学出版社，2018．

[8] 国家林业局农村林业改革发展司．林业实用技术手册[M]．北京：知识产权出版社，2018．

[9] 蒋志仁，刘菊梅，蒋志成．现代林业发展战略研究[M]．北京：北京工业大学出版社，2019．

[10] 秦武峰，石海云．林业职业院校特色治理[M]．北京：经济日报出版社，2019．

[11] 柯水发，李红勋．林业绿色经济理论与实践[M]．北京：人民日报出版社，2019．

[12] 刘丽丽，冯金元，蒋志成．中国林业研究及循环经济发展探索[M]．北京：北京工业大学出版社，2019．

[13] 杨贵军，王继飞．贺兰山林业昆虫生态图谱[M]．银川：阳光出版社，2019．

[14] 丁胜，杨加猛，赵庆建．林业政策学[M]．南京：东南大学出版社，2019.

[15] 王刚．我国林业产业区域竞争力评价研究[M]．北京：知识产权出版社，2019.

[16] 贵州省森林病虫检疫防治站，贵州省林业科学研究院．贵州林业有害生物：上卷[M]．贵阳：贵州科技出版社，2019.

[17] 中国林学会．林业科学学科路线图[M]．北京：中国科学技术出版社，2020.

[18] 王刚，曹秋红．林业产业竞争力评价研究[M]．北京：知识产权出版社，2020.

[19] 张科．"互联网+"林业灾害应急管理与应用[M]．杭州：浙江工商大学出版社，2020.

[20] 中国科学技术协会中国林学会．2018—2019林业科学学科发展报告[M]．北京：中国科学技术出版社，2020.

[21] 黄宗平，海有莲，杨玲．森林资源与林业可持续发展[M]．银川：宁夏人民出版社，2020.

[22] 彭红军．林业碳汇运营、价格与融资机制[M]．南京：东南大学出版社，2020.

[23] 徐小明．镇江林业病虫害防控手册[M]．镇江：江苏大学出版社，2020.

[24] 黄伟军．台州现代林业发展理论探索与实践[M]．杭州：浙江大学出版社，2020.

[25] 展洪德．面向生态文明的林业和草原法治[M]．北京：中国政法大学出版社，2020.

[26] 周小平．云南林业发展区划[M]．昆明：云南科技出版社，2021.

[27] 王贞红．高原林业生态工程学[M]．成都：西南交通大学出版社，2021.

[28] 王东风，孙继峥，杨尧．风景园林艺术与林业保护[M]．长春：吉林人民出版社，2021.

[29] 魏耀锋．宁夏多功能林业和生态功能分区及评价[M]．银川：阳光出版社，2021.

[30] 段新芳，张冉．林业生物质材料标准化理论与应用指南[M]．北京：中国标准出版社，2021.